モトローラ 6800伝説

（ろくはちまるまる）

世界で2番めのマイクロプロセッサを動かしてみた！

鈴木哲哉―著

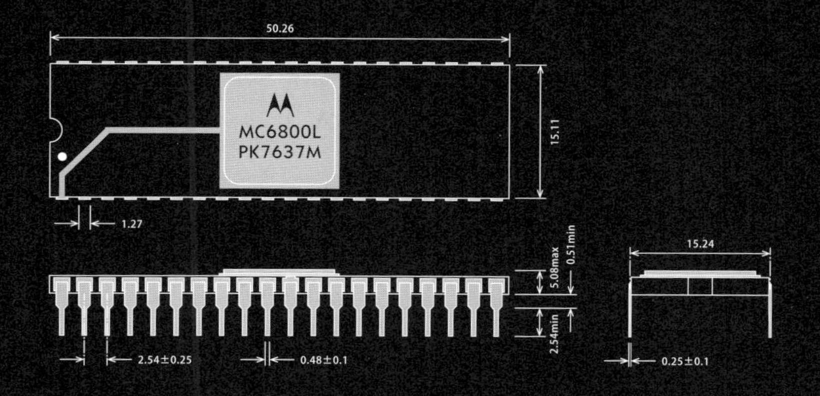

Rutles

サポートページ➡http://www.rutles.net/download/472/index.html

本書に掲載した製作物の回路図、プリント基板データ、ソフトウェアなどを公開しています。
本書に説明の誤りや重大な誤植が見付かった場合はこちらでお知らせいたします。

本文中、人物の名前は敬称を略させていただきました。人物の所属および役職は本文で紹介した当時のものです。会社の名前は本文で紹介した当時のものです。「現在」は原稿執筆時点です。

［はじめに］

モトローラの6800は1974年8月に発売された世界で2番めのマイクロプロセッサです。世界で最初となるインテルの8080は同年4月に発売されました。相次いで登場したふたつのICは、従来、コンピュータのメーカーが独占的に製造し、門外不出だったCPUを、市場へ開放する形になりました。以降の愉快な騒動を紹介するのが、本書の目的のひとつです。

驚いたことに老舗の部品店は現在もなお6800を販売しています。ですから、私たちは実物を手に入れて歴史の続きを書き足すことができます。現在の平凡なパソコンは1974年だと最高級の開発支援装置です。圧倒的に有利な環境で6800のその後に立派な業績を付け加えてもらう、あるいはそういう状況を想像してもらうことが、本書のもうひとつの目的です。

私はシンプルなコンピュータを作って有名なプログラムを再現しました。これで歴史の事実はなぞりました。必要に応じ、同じコンピュータであとを続けてもらえるように、アメリカの古い雑誌にならい、プリント基板を公開しています。一部の周辺ICは私たち全員分があることを保証しませんが、通常、どこかに少しは残るので、宝探しを楽しんでください。

6800に関心があるがハンダ付けが嫌いという人は、絶滅危惧種の保護にご協力をお願いします。エア電子工作とエアプログラミングでエア業績を上げ、ぜひエア大金を手にしてください。全部がエアだとしてもそれなりの現実感が得られるように、写真と資料を散りばめてあります。うまくやり遂げたら、リアルに6800のうんちくを語ることができます。

著者しるす

[目次]

［第3章］
日本の伝説

国産パソコン第1号

PACSの系譜

6809の時代

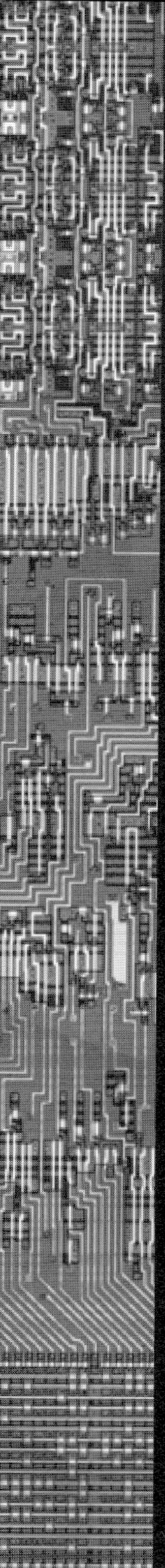

［第1章］
伝説の誕生

1 1970年代の事情

［第1章］
伝説の誕生

⊕ 仮想空間の電気街は希少な部品が堆積した宝の山

東京の秋葉原は歴史の長さと店舗の多さと品揃えの豊かさで世界に知られる電気街です。終戦直後、日本の科学者はここで実験用の部品を調達しました。東西冷戦の時代には東側のスパイがミサイルの部品を物色していると噂されました。いずれにしろ日常生活でほとんど役に立たない商品を、常時、一般向けに販売している街は世界でもここくらいです。

アメリカのオタク系コンピュータ雑誌『バイト』は、1976年7月号で秋葉原をこう紹介しています。「何が驚きかといって、(部品が)あることではなく、大量にあることです。数百の小さなお店が立ち並び、家電製品はもとより、電気や電子から連想される、ありとあらゆるものを販売しています。アメリカでここに匹敵する街は、いまだ見たことがありません」。

秋葉原の部品店はたくましく、時流に沿って店舗を増やしたり減らしたりします。地価が上昇し、新規の出店が難しくなると、ネットへ進出しました。このとき、愉快な事件が発生します。一部の部品店が倉庫の現物を片っ端から通販サイトへ上げた結果、帳簿上とっくに完売している部品が、店員さんの知らないところでまた販売される恰好になったのです。

おかげで、ブラウザの「お気に入り」にあるほうの電気街を散策すると、よく掘り出しものに出会います。半導体だと若松通商が穴場のひとつです。本来、この種の情報は口外しないのがマニアのマナーですが、ここはもうあらかたバレているので大丈夫です。だいいち商品の説明があまり丁寧ではなく、素人が立ち寄ったところですぐ退散するハメになります。

States. The primary surplus electronic items sold in both cities are components: resistors, capacitors, switches, panel lights, terminals, connectors, transistors, etc. Component prices in Tokyo are roughly two thirds of US mainland prices, whereas in Manila the component prices are about the same as US prices. An important consideration here is that these components really aren't considered as surplus electronics in these cities, but are sold as retail electronics, subject to considerable bargaining, through hundreds of small shops and stands concentrated into specific areas of each city. Time did not permit investigation of industrial surplus outlets or auctions, but the impression formed is that the large numbers and competitiveness of these small stores preclude easy bargains from auctions or company sales.

Prices quoted in this article are of specific sampled items and are for illustration pur-

Photo 1: The author in front of a surplus outlet in Manila, Philippines.

Perhaps a reader who has visited these areas could write in and supply additional findings.

Tokyo, Japan

The entire Tokyo surplus electronics market, along with significant portions of the retail electronics market, is concentrated in an area called Akihabara (pronounced ah-kee-ha-ba-rah), northeast of the downtown area. To reach it, one simply takes one of the many trains available from the elaborate Tokyo train and subway system.

What is incredible about Akihabara is not so much what they have, as the quantity in which they have it. There are literally hundreds of tiny outlets here selling everything imaginable in the way of electrical and electronic goods: televisions, stereos, speakers, tape recorders, radios, ham equipment, light bulbs, tools, wire, refrigerators, air conditioners, etc. Much of the electronic market is transistor radios and calculators, but the number of components stores and amount of available "surplus" electronic components to be found far exceeds any comparable area I have seen in any US city.

Photo 2: Bargain hunting in Akihabara, a district of Tokyo.

⇧『バイト』1976年7月号に掲載された電気街の特集記事

若松通商は1976年に半導体専門店としてラジオ会館に開店しました。同社の社風はハタ目に見て「新しいもの好き」です。たとえば、雑誌の記事とコラボしたのは同社が最初です。通販サイトも他社に先駆けて立ち上げました。その分、見栄えが古風ですし、メンテに手間が掛かるようで、在庫数がアテになりません(2017年の新装開店で少し改善されました)。

半導体は数百行に渡って、原則、型番だけが並んでおり、ところどころ思い付いたようにコメントや写真が添えてあります。ここで[カゴに入れる]ボタンを押せるとしたら、英数字の並びで正体がわかる、根っからのマニアくらいです。長い間、ごく限られた人しか立ち寄らなかったらしく、開店以来の売れ残りが堆積して宝の山が出来上がっています。

当初、若松通商の通販サイトを訪れた目的は、ただの冷やかしでした。古い部品がいくつか紛れ込んでいたら面白いと思ったのですが、実態は想像を超えていました。探れば探るほど年代を遡り、次第に、知識を試されている気分になりました。マイクロプロセッサのことであれば歴史年表を暗記しています。何なら、その先頭まで行ってやっても構いません。

以降、3回に渡って発掘調査を行いました。1回めにザイログのZ80が見付かり、年代が1976年7月に達しました。2回めにモトローラの6800を掘り当て、1974年8月まで遡りました。3回めに、もしインテルの8080があれば歴史年表の先頭、1974年4月へ行き着いたのですが、そこまでは無理でした。だとしても、6800を見付けたことは大きな収穫でした。

⊕ 現実空間で伝説のマイクロプロセッサと出会う

6800は注文して1週間ほどで届きました。これで、いまだ6800が販売されていることを確認できました。ただし、在庫数がひとつ減る気配はなく、実際のところあといくつ残っているのかがわかりません。念のために他社の同等品を探すと、日立製作所のHD468A00Pがありました。その在庫数もアテになりませんが、まだしばらくはもちそうな気がします。

🅐若松通商の通販サイトで入手（在庫確認のため再購入）したモトローラのMC68A00P

⬆若松通商の通販サイトで入手した日本電気のμPD8080A（インテル8080同等品）

実をいうと若松通商の通販サイトには、インテルの8080こそないものの、その同等品にあたる日本電気のμPD8080Aが掲載されています。過去3回の発掘調査では同等品を探すことにまで気が回らず、うっかり見落としていました。μPD8080Aは、後日、何とか入手することができました。このくだりは『インテル8080伝説』（ラトルズ）で紹介しています。

これら初期のマイクロプロセッサは、社会にひと騒動を巻き起こしたあと、長く部品店の店頭から姿を消していました。その間に事実の細部が風化し、印象ばかりが膨らんで、さまざまな伝説が生まれました。現存しないマイクロプロセッサの話は適当に脚色していいのがマニアのルールです。しかし、現物を手にしてしまったら、もうヨタ話は語れません。

6800との思い掛けない出会いは、改めて6800の実態と関連の出来事を調べるいいきっかけになりました。本書はその成果を披露するものです。6800が主役なので、評価や感想が6800寄りになるかもしれません。しかし、物理的な構造、速度や発熱、命令体系の特徴などは、手もとに現物があるのですから、動かしてみて、確かな事実を紹介することができます。

⊕ 半導体産業におけるモトローラとインテルの立場

マイクロプロセッサが誕生した1970年代、半導体の売り上げ順位で不動の1位はTI（テキサスインスツルメンツ）、不動の2位がモトローラでした。モトローラはアメリカの半導体メーカーでただ1社、専業ではありません。半導体事業部のほかに、通信機器事業部、自動車用品事業部、家電事業部などを擁し、総売り上げだとアメリカを代表する大企業でした。

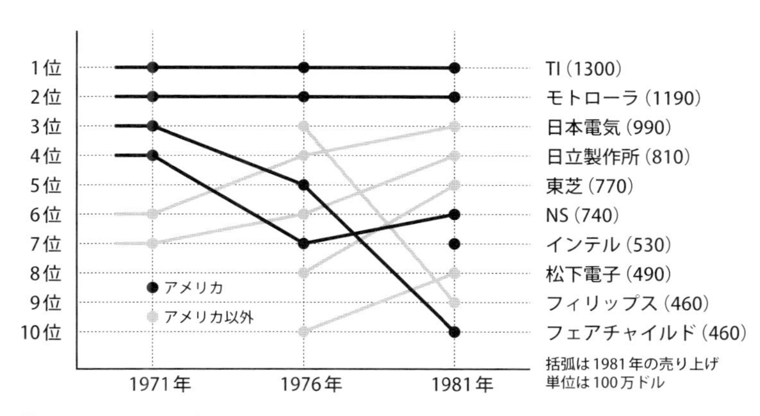

↑半導体メーカーの売り上げ順位（Dataquest調べのデータをもとに作図）

このころ半導体の需要はトランジスタからICへ移りつつありました。真っ先にICの製造を始めたフェアチャイルドは、当初、売り上げ順位で3位に付けました。しかし、その後は内紛が絶えず、優秀な技術者の独立を許して凋落を続けました。売り上げ順位の圏外には、同社に起源をもつ新興の半導体メーカーがひしめきました。そのひとつがインテルです。

ICの製造で半導体メーカーを悩ませたのは、過去になかった回路設計の工程です。モトローラを除くアメリカの半導体メーカーは、もっぱら製造技術の向上に努めてきたので、回路設計に精通した技術者がいませんでした。とりわけ資金繰りが苦しい新興の半導体メーカーは、売れそうなICを見極めて回路設計に打ち込む時間の余裕がありませんでした。

こうした事情で、大半の半導体メーカーは、電子機器のメーカーが設計したICの受託製造をしたり、評判のいいICを真似て同等品を製造したりしました。インテルは、もうひとつの道を選びました。製造技術だけでどうにかなるメモリを主力に据え、生産ラインの繁閑をならす程度に受託製造をやったのです。まずは、同社の経過を紹介しておきます。

⊕ 電卓用ICの枠を超えて活用された4004

メモリを主力に据えた判断がどれほどの英断だったかピンとこない人は時代の感覚を巻き戻してください。当時のメモリは磁気リングを電線で編み込んだコアメモリでした。半導体のメモリは理屈の上で実現可能でしたが、ICはまだ集積度が低く、価格も宝石なみで、コンピュータに必要な容量を埋めることはとても無理だというのが業界の常識でした。

インテルの共同創業者、ボブ・ノイスとゴードン・ムーアは、かつてフェアチャイルドでICの製造技術を確立した第一級の技術者です。ふたりはICの集積度が先行き「18箇月ごとに2倍」に上がると読み、2年もあれば、半導体のメモリが商売になると見とおしました。彼らの読みは見事に当たり、「18箇月ごとに2倍」は、のちに業界でムーアの法則と呼ばれます。

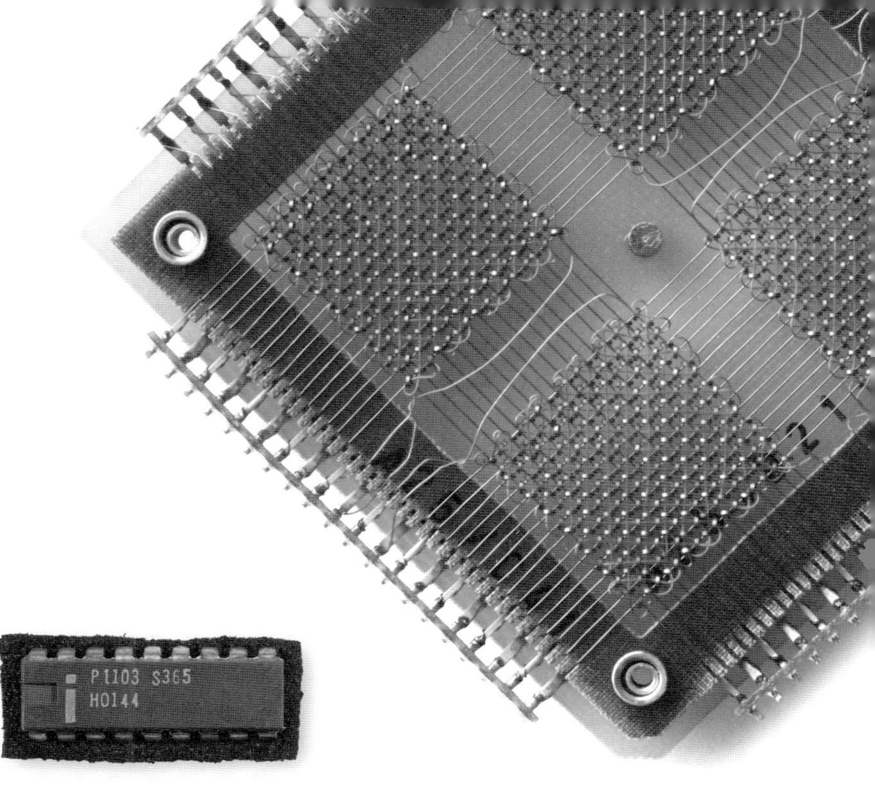

🅐インテルの1KビットDRAM、1103（左）と1Kビット超小型コアメモリ（右）

インテルは半導体のSRAM（1969年4月）とDRAM（1970年10月）とEPROM（1971年9月）を世界で最初に発売し、業界で一目おかれる存在になりました。そのうちのDRAM、1103は容量が1Kビットあって実装密度の高さでコアメモリを追い越し、よく売れてインテルの屋台骨を築きました。ちなみに、1103は若松通商の通販サイトに掲載されています。

一方、片手間にやった受託製造もまた意外な形で成長に貢献しました。1971年11月に発売したマイクロコンピュータシステム、4004とファミリーのICは、もともと日本のビジコンから製造を請け負った電卓用のICでした。したがって基本設計はビジコンですが、生産ラインの能力に合わせて共同で修正した結果、インテルに相応の技術が根付きました。

that the micro-
ole new type of
cial potential. It
opportunity to
emories. Moore
nicroprocessor
that this was
do after semi-
direction in LSI.
make a standard
e variety of
another step in
go."

istant, Hank
narketing the
o convince logic
chnology.
ry high perfor-
variety of unso-
ns. Initial
nformal. Poten-
why they didn't
s. The answer
ve," to which
at if it cost $5;
nswer was

the cost of the

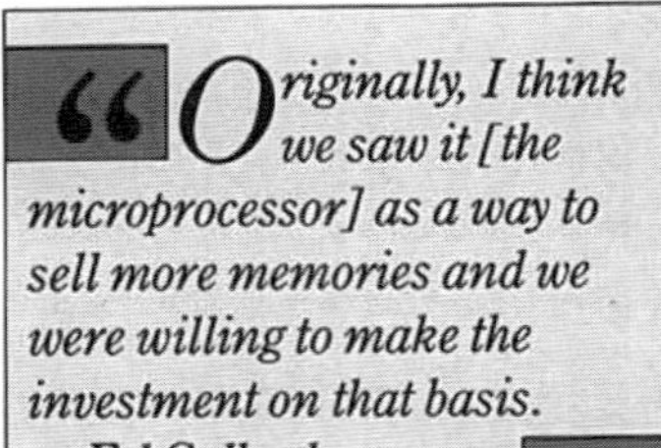

"Originally, I think we saw it [the microprocessor] as a way to sell more memories and we were willing to make the investment on that basis.
—Ed Gelbach"

4004 kit down from $30 or $40, and the customer could write his own program," said Noyce. "We had to create the need and get the price right." Gordon Moore remembered going to an industry conference in 1972 and saying, essentially, "Hey, we've got this thing; here's what it'll do. Now how can we in the industry figure out a need for 100,000 of them a month?"

It became apparent that potential users of the microprocessor needed help to use it. This prompted Gelbach and his group to produce the first generation of development aids, which were elementary programming tools. These made it easier for engineers to use Intel's first microprocessors. In just a couple of years, design aids, as they were called, actually became larger revenue producers than the microprocessors.

Intel's marketing strategy was to sell a $5000 development aid which in a year or two could produce orders for $50,000 worth of components. This plan would eventually pay off, but initially it appeared to generate more curiosity than cash: at one point Intel found that it was spending more on printing and mailing operating manuals than it generated in actual microprocessor sales.

A TURNING POINT: THE 8080

The 8-bit 8008 microprocessor had been developed in tandem with the 4004 and was introduced in April 1972. It was originally intended to be a custom chip for Computer Terminals Corp. of Texas, later to be known as Datapoint. Project designers were Hoff, Faggin, Mazor and a newcomer, Hal Feeney. As it developed, CTC rejected the 8008 because it was too slow for the company's purpose and required too many supporting chips. However, Intel offered the 8008 on the open market, where its orientation to data/character manipulation versus the 4004's arithmetic orientation caught the eye of a new group of users.

Melgar

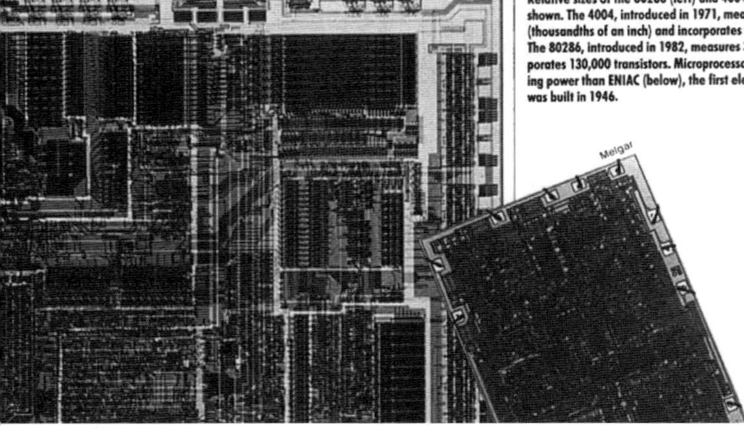

Relative sizes of the 80286 (left) and 4004 microprocessors are shown. The 4004, introduced in 1971, measures 117 X 159 mils (thousandths of an inch) and incorporates about 2300 transistors. The 80286, introduced in 1982, measures 342 X 347 mils and incorporates 130,000 transistors. Microprocessors have far more computing power than ENIAC (below), the first electronic computer, which was built in 1946.

⬆インテル創業15周年記念冊子に掲載されたエド・ゲルバッハの回想（上部の囲み）

1972年4月に発売したセントラルプロセッサユニット、8008はデータポイントから開発と製造を請け負った端末用のICが原型です。8008にはファミリーのICがなく、TTLのインタフェースと汎用のメモリをつないで動かします。そのため、8008とともにメモリが売れました。インテルは、この種のICがメモリの販売促進に効果をあげると気付きました。

販売担当副社長のエド・ゲルバッハは、本音をいうと4004や8008が嫌いでした。売ったあともサポートを求められ、手離れが悪いからです。しかし、メモリは売りたい立場でした。インテルの創業15周年記念冊子に、彼のこんな回想が掲載されています。「私たちはマイクロプロセッサをメモリの販促手段と捉え、その観点から投資を行うことに決めました」。

というわけで、インテルが次に取り組んだのはメモリをたっぷり使ってもらえそうな本物のマイクロプロセッサでした。設計主任は8008の開発で経験を積んだフェデリコ・ファジンが務め、そのもとで、かつてビジコンにいた嶋正利がスカウトされて辣腕を振るいました。こうして生まれたのが、コンピュータの歴史に文字どおりの一石を投じた8080です。

8080が評判をとるとすぐ他社が真似て同等品の製造を始めました。インテルは、それに強く抗議しませんでした。1個の8080を黙認することで、数個のメモリが、サポートなしに売れるからです。結果として15社以上がインテルの新派にまわりました。対抗する姿勢を示したのは、モトローラ、AMI、日立製作所、遺恨をもつフェアチャイルドくらいです。

⊕ モトローラが組織を挙げて模索したNMOSの目玉商品

ICを構成する半導体の構造は当初がアナログ向きのバイポーラ、1969年ごろデジタル向きのPMOS、1972年ごろ集積度が稼げるNMOSへ進化しました。インテルの4004と8008はPMOS、8080はNMOSです。一方、モトローラの経過は変則的です。社内にアナログICの需要があった関係でバイポーラを長く引っ張り、PMOSを跳ばしてNMOSへ進みました。

⬆1973年にテキサス州オースチンで建設が始まったモトローラのNMOS半導体工場

1972年、モトローラはNMOSの試作に成功し、1973年、商業生産を目指して工場の建設に着手しました。同時に、新しい工場の目玉となるICを検討しましたが、PMOSを跳ばしたせいでここしばらくデジタルの顧客と意思の疎通を欠いており、有用な判断の材料を持ち合わせていませんでした。そのため、同社は組織を挙げて情報の収集に努めました。

企画部門は大局的な観点から市場の動向を分析し、デジタルの成長分野を絞り込みました。営業部門は成長分野に属する電子機器のメーカーを訪ね、近い将来、売れると見られる製品について意見交換を行いました。結果は報告書にまとめられ、トム・ベネットが率いる設計部門へ届けられました。最終的にどんなICを作るかは、彼の判断に一任されました。

困ったことに、報告書に列挙された「将来の有望な製品」はカテゴリも規模もバラバラでした。たとえば、TRWはクレジットカードを電子的に決済するシステム、NCRは在庫管理と連動したキャッシュレジスタ、DECはテレタイプライタにかわるビデオ端末、HP(ヒューレットパッカード)は通信回線の品質を自動診断する測定器に取り組んでいました。

トム・ベネットに期待された役割は、なるべく多くの製品を、なるべく少ないICで支援することでした。このときインテルはもう4004と8008を発売しており、プログラムで動くICがひとつの答えになることは明白でした。ただし、モトローラが取り引きを希望する、名だたる企業の要求を満たすには、より汎用性が高く、より拡張性に富んだICが必要でした。

⊕ 設計部門とソフトウェア部門と評価部門の連携

モトローラがPMOSをやらなかったことは、悪い影響ばかりではありませんでした。トム・ベネットは、既存のICから機能を継承したり既存のICと競合を避けたりすることにとらわれず、理想の設計ができる状況にありました。彼は「なるべく多くの製品を支援する」くらいでは満足しませんでした。目標は、現在と将来の、あらゆる製品に役立つICでした。

トム・ベネットが策定した大枠は、手短にいえば、マイクロプロセッサとメモリと周辺ICのファミリーです。マイクロプロセッサは、NMOSの優位を生かし、汎用のコンピュータでCPUに使える水準を目指します。周辺ICは、当面、パラレルのインタフェースを用意し、将来、必要な機能を追加します。一群のICは、極力、簡素なバスでつなぐことにしました。

こうしてモトローラは、インテルと異なる経緯で、同じころに、マイクロプロセッサの開発を始めました。それが、ゆくゆく6800に結実します。インテルのほうが少し早く8080を発売したのは、資金繰りの都合で必ずしも高い完成度を目指していなかったからです。モトローラは人員を掛け、開発ツールを駆使し、試作を繰り返して丁寧に作業を進めました。

トム・ベネットのもとには回路を設計する17人の技術者とマスクを制作する5人の技師がいました。この陣容だけで、インテルの約3倍にあたります。インテルが技術者ひとりひとりの技量を頼ったのに対し、モト

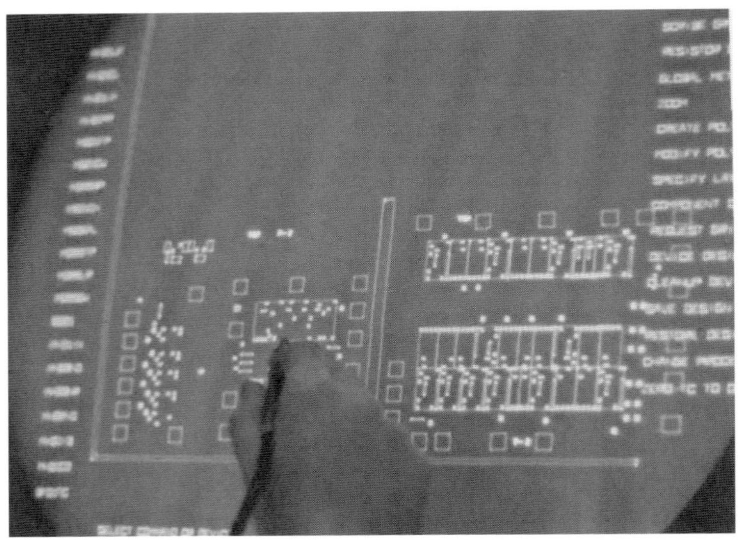

⬆PDP-1のCADでICを設計している様子（1970年ごろ撮影）

PDP-8/Eのシミュレータで設計を検証している様子（1973年ごろ撮影）

ローラは統率のとれた組織で取り組みました。そのため、6800の誕生に貢献した人物の名前は、組織のトップくらいしか判明していません。

回路の設計にはCADが使われました。検証にはシミュレータが使われました。これらの開発ツールは、ビル・ラティンが率いるソフトウェア部門が提供しました。彼はNMOSの物性にも精通していて、トム・ベネットの求めに応じ、しばしば実装のコツを助言しました。彼の助言は、とりわけNMOSを単一5V電源で動かす構造に大きな影響を与えました。

⇧手前が6800、中央が試作基板、奥の5枚が初期の設計による試作基板

ジェフ・ラベルが率いる評価部門は、随時、設計された回路の性能と製造コストを予測し、商品価値を判定しました。実情に沿って説明すれば、設計された回路をTTLで組み立ててみる試作係でした。初期の設計は試作に451個のTTLを必要とし、製造コストが掛かり過ぎると判定されました。彼のアイデアで改良した設計は、114個のTTLで動きました。

⊕6800が8080に圧勝すると予測したふたつの根拠

モトローラは6800の完成に目途が立つまで、開発の経過を隠しとおしました。通常、この種の情報はいくら隠しても少しくらい漏れ伝わるものですが、同社にはそれが許されない事情がありました。というのも、同社は軍隊や警察の無線機、行政機関の警備システムなどを納入しており、こうした製品の信用にかけて、秘密は絶対に守る必要があったのです。

インテルもまた8080の情報を秘密にしましたが、備えや意識が十分ではありませんせんでした。たとえば、営業部門は顧客との商談で用語の選択に注意を欠き、その時点でどの文書にも記載されていない「マイクロプロセッサ」という呼称を口にしました。競合する他社は、それら小耳に挟んだ情報を組み立てて、8080の設計をほぼ把握していたようです。

モトローラはインテルの状況を知った上で圧勝できると読みました。インテルは8080の単体を開発するのが精一杯で、それさえ、多数のTTLで補強しなければ動きそうにありませんでした。モトローラは6800と同時に、ROM、SRAM、パラレルインタフェースのファミリーを開発しており、この一式はTTLなしでシステムを構成することができました。

6800のファミリーは、6800から10おきの型番が振られました。6810は8ビット×128のSRAM、6820はパラレルインタフェース、6830は8ビット×1KのROMです。加えて第2弾の開発計画があり、6840はタイマ/カウンタ、6850はシリアルインタフェース、6860はモデムコントローラ、6870はクロックジェネレータの型番として予約されました。

手前が6800ファミリーの評価基板、奥のラックがTTLで組み立てた試作装置

モトローラが圧勝と読んだもうひとつの決定的な理由は、6800のファミリーがすべて単一5V電源で動くことです。初期のNMOSは3系統の電源を必要とし、8080の場合、5Vと12Vと-5Vで動かします。6800も初期のNMOSですが、メモリ部門が秘蔵していた昇圧/反転回路を組み込んであり、単一5V電源から内部で必要な電圧を作ることができました。

この時代、コンピュータに精通した技術者がどこにでもいたわけではありません。ましてや世界で最初と2番めのマイクロプロセッサを、市場が正当に評価してくれる保証などありませんでした。そんな状況で、単一5V電源はコンピュータを知らなくてもわかる明確な利点であり、電子機器のメーカーが6800を選ぶ際の決め手になると期待されました。

⊕ PDP-11にならったと書き記された6800の発表記事

1974年2月、インテルは8080を発表し、ただちに商業生産を開始しました。この時点でモトローラはまだ6800の商業生産ができる状態にありませんでしたが、試作には成功していたので発表を急ぐことにしました。もし電子機器のメーカーが8080で設計を始めてしまったら、あとでいくら6800のほうが優れているといっても販売に支障をきたすからです。

モトローラはインテルに1箇月だけ遅れた1974年3月、6800のファミリーを発表しました。ファミリーには、6800、ROM、SRAM、パラレルインタフェースに加えてシリアルインタフェースが含まれました。シリアルインタフェースは第2弾として開発する計画でしたが、設計が順調に進み、ほどなく完成する見込みがあって、強引にねじ込んだようです。

アメリカのビジネス系エレクトロニクス雑誌『エレクトロニクス』は1974年3月号に「モトローラが8ビットの最初の製品でマイクロプロセッサのレースに参戦」と題した記事を掲載しました。わずか1ページ強の速報ですが、必要なことが過不足なく書かれていて、8080へ流れかけた電子機器のメーカーをいくらかは引き止めたものと想像されます。

Electronics review

Significant developments in technology and business

Motorola joins microprocessor race with 8-bit entry

Motorola will supply all the 5-volt components for its microprocessor, assuring compatibility with TTL

The microprocessor race appears to be heating up with Motorola's development of its eight-bit, n-channel microprocessor family. The five-chip set, which includes a central processor, the 6800, along with random-access and read-only memories, and peripheral and communications interfaces, is expected to give Intel's n-channel, eight-bit systems, built around the new 8080 CPU, a run for their money.

Although all the details of the Intel chips have not yet been revealed, both microprocessors offer about the same number of instructions—78 for the 8080 and 72 for the 6800—with roughly comparable performance. The Motorola microprocessor, however, may result in system savings for certain applications by requiring fewer interface circuits and power supplies.

Significantly, the Motorola microprocessor set forms a complete microcomputer that needs only a single 5-volt supply and one external clock—no multiplex, multiple supplies, or interface packages are required. The chips, built with an ion-implanted n-channel silicon-gate process, will enter production in November.

Motorola's Semiconductor Products division has put extensive effort into developing the microprocessor because it feels this device is the key to getting the MOS business it hasn't enjoyed so far.

The single microprocessor chip (MC6800) is equivalent to about 120 MSI TTL packages. It has 72 self-contained basic instructions with decimal and binary arithmetic capability, variable-length instructions, double-byte operations, two accumulators, and seven addressing modes. The typical instruction time is under 5 microseconds, and since up to 64,000 bytes can be addressed in any combination of RAM, ROM, or peripheral registers, peripheral capacity is almost unlimited.

Another … family is the … nanosecond 128-… designed for use w… other RAMs, including … MCM6605, or other types … of memory can be us… MC6816 ROM is a static 1,02… bit memory for use with the sys… but other ROMs are also usable.

The microprocessor set is organized around the popular parallel data-bus concept introduced by Digital Equipment Co., Maynard,

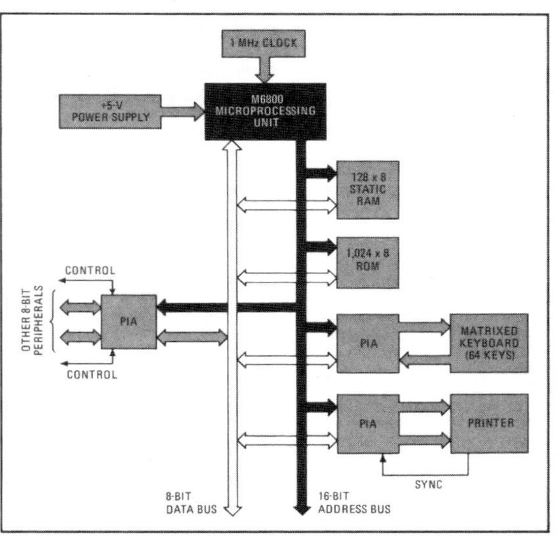

Bussed. Motorola's microprocessor is organized around the parallel data-bus concept. Up to 10 LSI chips can be directly attached to the bus—ROMs, RAMs, peripheral interface adapters (PIA), and communication interface adapters (CIA).

Electronics/March 7, 1974 29

↑『エレクトロニクス』1974年3月号に掲載された6800の紹介記事

⬆DECの初代PDP-11（コンピュータ歴史博物館の展示品）

この記事の中に次の一文があります。「マイクロプロセッサセットはマサチューセッツ州メイナードのDECがPDP-11ミニコンピュータに採用したことで知られるパラレルデータバスの考えかたに基いて統制されます」。単なるバスの説明にPDP-11の名前を持ち出したせいで、以降、6800は設計にあたりPDP-11を手本にしたといわれることになります。

『エレクトロニクス』が6800の記事でPDP-11を引用したのはこの1回だけです。トム・ベネットが自らPDP-11に言及した記録は見付かりません。ジェフ・ラベルはコンピュータ歴史博物館のインタビューに、こう答えています。「私はトム・ベネットにPDP-11のバリエーションを作ろうと提案したことがあるのですが、あっちへ行ってろ！といわれました」。

どうやら、6800があからさまにPDP-11を手本にした事実はなさそうです。しかし、念頭にはあったのでしょう。命令体系は、次世代の6809ほどではないにしろ、PDP-11の雰囲気を感じさせます。バスの構造は、メモリと周辺ICを同じアドレス空間に配置するやりかたが初期のPDP-11と共通です。手本にしたといいたくなる気持ちはよく理解できます。

ちなみに、PDP-11は当時のコンピュータで最下位のグレードに属する、いわゆるミニコンです。技術者たちを魅了したのは、圧倒的な高性能ではなく、無駄な機能を徹底的に排除したエレガントな設計です。6800は1個のICに許される素子数の中で機能を上手に取捨選択しており、その方向性がPDP-11の設計に似ているという見解は的を射ています。

⊕ 新規設計だからこそできた最短距離のアプローチ

モトローラのNMOSの工場はテキサス州オースチンに完成し、1974年4月、6800とファミリーの商業生産を開始しました。トム・ベネットはセカンドソースの契約をとるために同業他社を訪ねて回りました。ジェフ・ラベルは、TTLで組み立てた6800を使い、すでに開発ツールの製作に取り掛かっていました。6800は社屋から現実の世界へ踏み出しました。

can work directly with the chip containing the CPU.

The smallness of the package count is dramatically illustrated by the comparison of the breadboard, engineering model, and final chip design of an MC6800-type CPU (see photograph on p. 82). The breadboard, a gate-to-gate implementation of the CPU employing basic gates and flip-flops, needs five 10-by-10-inch boards containing 451 packages. The engineering model is a functional implementation of the design and made extensive use of MSI logic packages and programable ROMs to reduce package count to a mere 114, packed into a single 10-by-10-in. board by means of today's most effective hardwire logic techniques. Yet all this is replaced by the single 40-pin package containing the CPU chip. The example epitomizes the impact LSI chip design is having on the implementation of complex computer functions.

The new n-channel microprocessors go still further, by addressing themselves to other parts of the system as well. For the families of circuits are designed to minimize assembly costs by reducing the number of ancillary parts necessary to realize a design.

Consider the block diagram of a typical small terminal, a generalized point-of-sale terminal (Fig. 6). Since every CPU needs several peripheral interfaces, one key to cost-effective designs with a micr
the input/output interface.

Indeed, anything that has to inter
computer ought to be compatible wi
rangement and with the particular a
Moreover, this bus-compatibility r
good for not only in the input/outp
memory area as well. Consequentl
processor is a word-oriented system
word-oriented memories are beginnin

The M6800 family is directed at
needs. It includes flexible input/ou
word-oriented memories, in addition
processing unit, as indicated in the
configuration of Fig. 7. This system
1-MHz level of operation even whe
modules (memories, input/output a
tional CPUs) on the principal data bu
interface package.

In order to handle applications t
operation with more than 10 module
bus extenders are provided. For syste
quire 1-MHz operation, up to 30 mod
to the data bus without requiring bus
ample, more than 20 modules can be

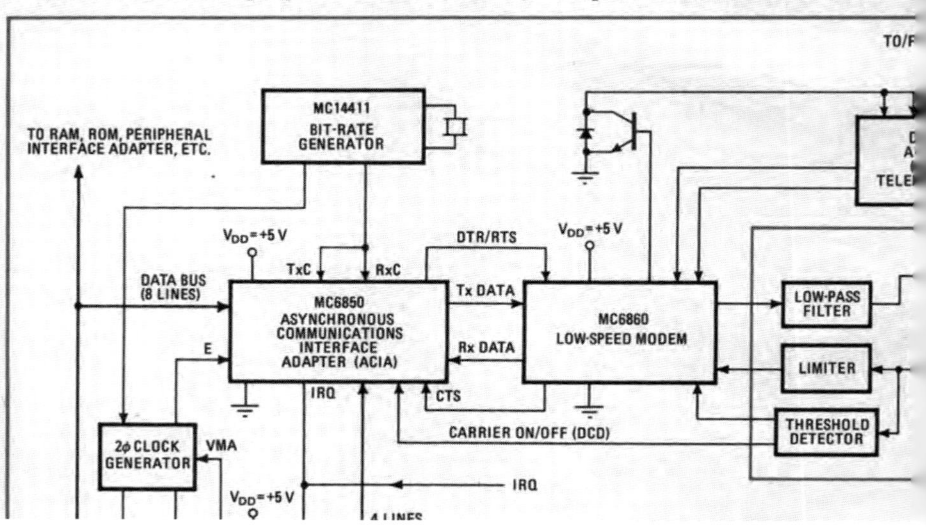

『エレクトロニクス』1974年4月号で6800の素子数を減らす手法に言及した部分

6800の発表を速報した『エレクトロニクス』は次号で8080と6800の詳細を伝えました。実物が出回る前のことであり、そんな記事を書けるのは、これらを開発した技術者だけです。8080はインテルのフェデリコ・ファジンと嶋正利が解説しました。6800はモトローラのトム・ベネットとジェフ・ラベルと、販売計画を立案したリンク・ヤングが解説しました。

この記事は開発の工程や内部の構造や、ことによっては技術者たちの姿勢まで読み取れる貴重な資料です。インテルは、4004と8008で培った論理設計の技術にNMOSの優位が加わって8080が生まれたと述べています。これに対し、モトローラは、古い技術にとらわれず最短距離で6800へアプローチしたと述べ、その具体例として次の2点を挙げました。

第1に込み入った論理回路をROMに置き換えました。すなわち、入力と出力の関係を記憶しておき、ただ読み出して済ませます。この種の構造は、ゆったりとしたクロックで動いて大きな仕事をします。8080は正直な論理回路で成り立っており、小刻みなクロックで動いて数で仕事をこなします。これが、6800と8080でクロックの周波数が違う理由です。

第2にフリップフロップの多くをDRAMに置き換えました。フリップフロップはデジタルICのいたるところで動いている、実質、1ビットのSRAMです。DRAMに置き換えると構造が大幅に簡略化されますが、かわりにリフレッシュが必要となり、クロックの間隔が最大4.5μ秒、周波数が最低100kHzに制限されます。8080にはそういう制限がありません。

モトローラは、これら技術というより閃きにより6800の素子数を減らしました。それは、設計部門がNMOSの物性に精通した部門と連携した成果です。ただし、6800は8080を意識して頑張りすぎました。たとえば、単一5V電源で動かそうとして昇圧/反転回路に大きな面積を割きました。ダイはむしろ大型化し、のちに歩留まりで苦しむことになります。

2 シリーズ展開

［第1章］
伝説の誕生

⊕ 6800を発売してすぐ始まった8080との価格競争

モトローラの6800は1974年8月に発売されました。インテルの8080は同じ年の4月に、もう発売されていました。したがって「世界で最初のマイクロプロセッサ」の称号は8080に与えられ、6800は、強いていうなら「世界で最初の選択肢」となりました。もっとも、その差はまだのんびりした時代のたった4箇月であり、実質的に同時と見ることができます。

6800の強みのひとつは、簡素なバスでつながる周辺IC、6810（SRAM）、6820（パラレルインタフェース）、6830（ROM）、6850（シリアルインタフェース）があることです。これらファミリーのICは「M6800」と総称されました。モトローラはM6800と初めて出会う技術者のために、当面、必要なもの一式を揃えた設計評価キット、MEK6800D1を販売しました。

MEK6800D1はM6800の実物のICとマニュアルのセットです。そのうち、6830にはMikbugと呼ばれるモニタがありました。ICは台紙に描いたシステム構成図に貼り付けられ、100ページの設計案内とともにバインダに綴じられています。ほかに、300ページの『プログラミングマニュアル』と700ページの『アプリケーションマニュアル』が付属しました。

モトローラは丁寧なマニュアルさえ付けておけば顧客がコンピュータを組み立てるだろうと考えていました。しかし、M6800と初めて出会う技術者にとって、それは難しい作業でした。そこで、3箇月ほどあとに専用のプリント基板が発売されました。このプリント基板は、もし必要なら、同社の開発支援装置、EXORciserのスロットに挿すことができます。

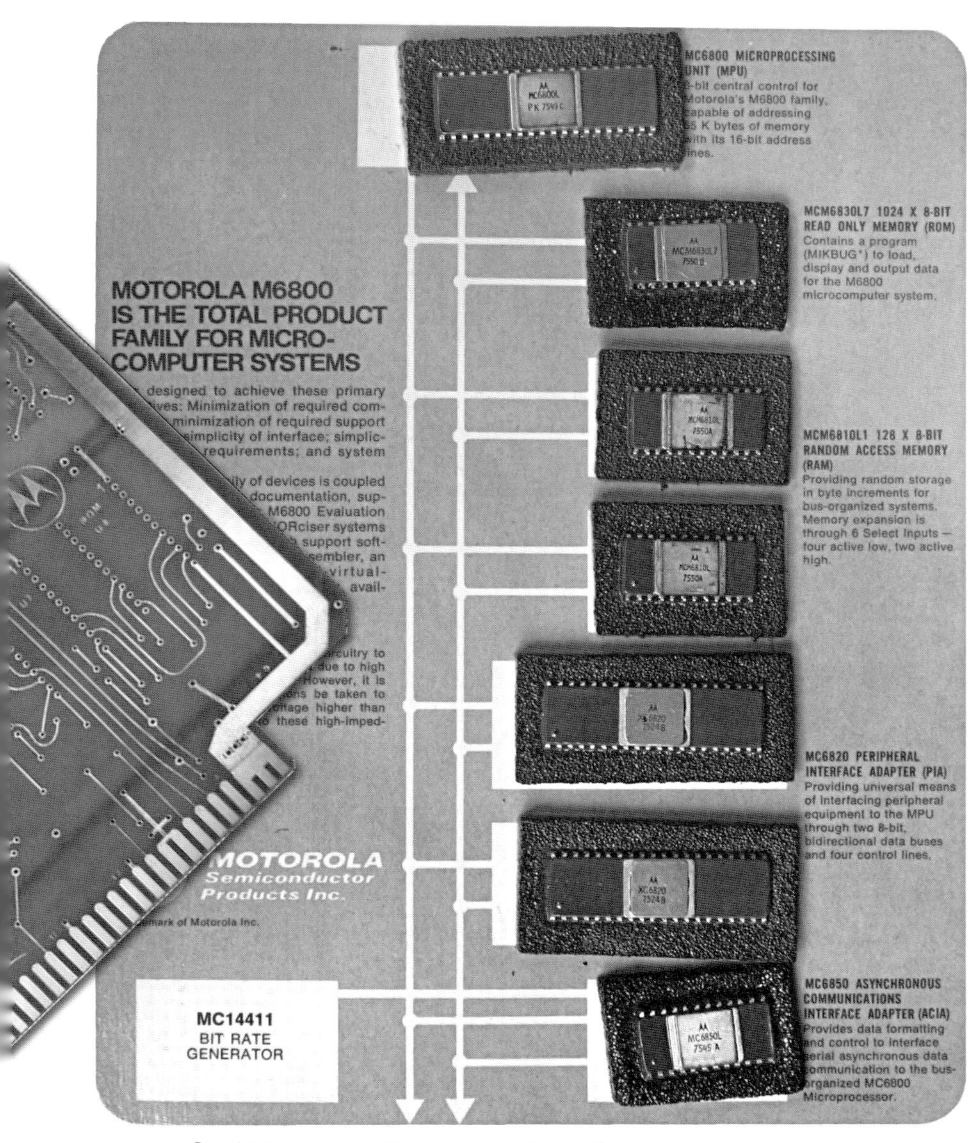

⬆設計評価キットMEK6800D1のICと別売りのプリント基板

and the unbundled $69 microprocessor

The MC6800, $69.00 each for any quantity under 100. Maybe you can buy a microprocessor for less somewhere else right now. Or maybe not. If you do, it won't be a Motorola MC6800, backed up by Motorola's production know-how and tremendous manufacturing capabilities.

And, it won't be backed by:

• The M6800 benchmark family of building block LSI circuits for microcomputer systems.

New Low M6800 Family Prices

Part Number	Description	Price					
		Now		Was			
		1-99	100-999	1-9	10-24	25-49	50-99
MC6800	Microprocessor	$69.00		$175.00	$160.00	$145.00	$125.00
				1-24	25-99	100-999	
MCM6810	1K RAM (1,000 ns)	$ 5.00	$ 4.50	$15.00	$12.00	$ 9.60	
MCM6810-1	1K RAM (575 ns)	5.50	4.95	18.00	15.00	12.00	
MC6820	PIA	15.00	12.00	26.00	18.20	15.30	
MC6850	ACIA	15.00	12.00	26.00	18.20	15.30	
MEK6800D1	Design Kit	each with PC board $149.00		each without PC board $300.00			

• Motorola's supporting CMOS, NMOS interface and memory, bipolar LSI and linear circuits.

• M6800 support hardware and software.

• The M6800 Microprocessor Applications Manual, and the raft of other M6800 documentation.

Remember! Alone, a single cheap microprocessor isn't worth a dime. Motorola means business in microprocessors.

New board enhances $149.00 design kit bargain

Two great changes have been made in the popular MEK6800D1 microcomputer system design kit. The price has been reduced from $300.00 to a fantastic $149.00, with a new $50.00 PC board added in the bargain.

Individual M6800 Family units and the kits are all available off-the-shelf from any Motorola authorized distributor. See the distributor or Motorola sales office for information, design assistance and to place your order.

⬆M6800の1975年10月の価格と以前の価格が掲載された広告

6800の単価は、発売直後が360ドル、1箇月後が175ドル、1年後が69ドルです。急激に価格を下げたのは、8080に対抗するためです。もはや原価をもとに価格を設定する余裕はなく、8080と揃えるのが精一杯でした。わずかな救いは、8080にメモリ以外のファミリーがなかったことです。モトローラは、6820と6850で、どうにか利益をあげることができました。

とはいえ、インテルもまた周辺ICの開発を進めていました。8224(クロックジェネレータ)と8228/8238(システムコントローラ)はすぐに完成し、8080の近辺に必要だったTTLが一掃されました。しばらくして、8251(シリアルインタフェース)、8255(パラレルインタフェース)、8259(割り込みコントローラ)が揃い、6800の優位のひとつが失われました。

その上、インテルは生産ラインが経験を積んで次第に歩留まりを上げました。モトローラの生産ラインもそれなりに習熟しましたが、6800は初期のNMOSを単一5V電源で動かそうと無理をした関係でダイが大きくなり、思うように歩留まりが上がりませんでした。生産を開始してから1年後、良品の割合は、8080が約50%、6800が約28%だったとされます。

価格競争は限界に近付いており、このままではいずれモトローラが振り落とされることは確実でした。当時、もし大きな投資を決断すれば、この問題を解決できる新しい製造技術がありました。モトローラが1975年に発行した株主向けの報告書は、6800の歩留まりが深刻なほど低いと述べた上で、対策として思い切った投資をすることに理解を求めています。

⊕ 競争力を大幅に強化したデプリション負荷の6800

1975年ごろ、NMOSの製造工程にイオン注入と呼ばれる手順が追加され、特定の素子を狙って電気的特性を調整できるようになりました。通常、NMOSの素子はエンハンスメント型ですが、イオン注入で一部をデプリション型に調整すると、さまざまな利点が生まれます。たとえば、昇圧/反転回路を使わなくても単一5V電源で動かすことができます。

マイクロプロセッサはいわばスイッチの塊です。NMOSのスイッチは信号をLへ引っ張る素子とその負荷となる素子で構成されます。初期のNMOSは負荷の素子がエンハンスメント型で、Lへ強く引っ張ると導通、弱いと絶縁してしまうため、振れ幅が制限されました。信号を0V ～ 5Vの範囲で振るには、上下により広い電圧で動かす必要があったのです。

イオン注入で負荷の素子をデプリション型に調整すると、Lへの引っ張りかたに影響されない構造が作れます。この手法をデプリション負荷と呼びます。デプリション負荷は、単一5V電源で十分な信号の振れ幅がとれます。また、負荷の動作点が安定し、速度が向上します。モトローラは6800とファミリーをデプリション負荷で作り直すことにしました。

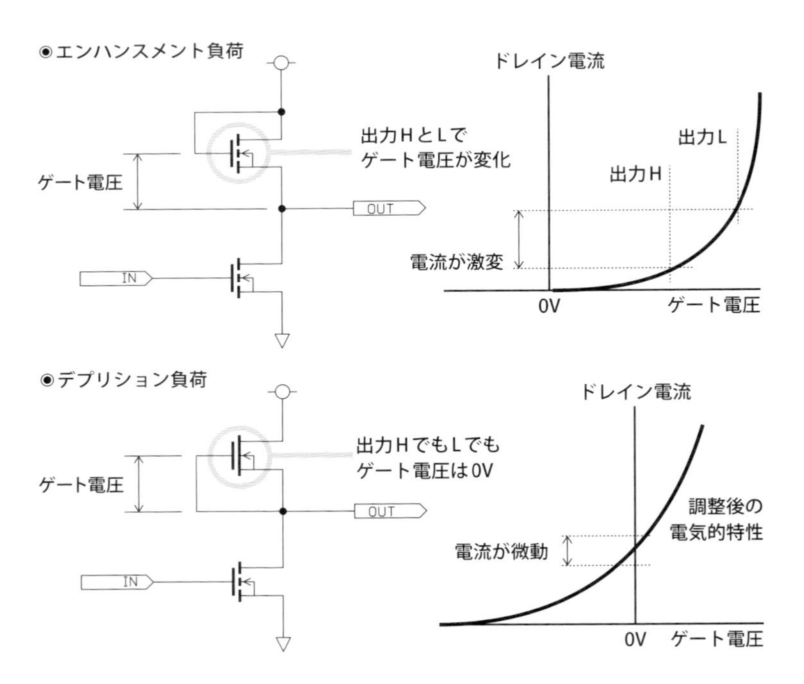

⬆NMOSのエンハンスメント負荷とデプリション負荷

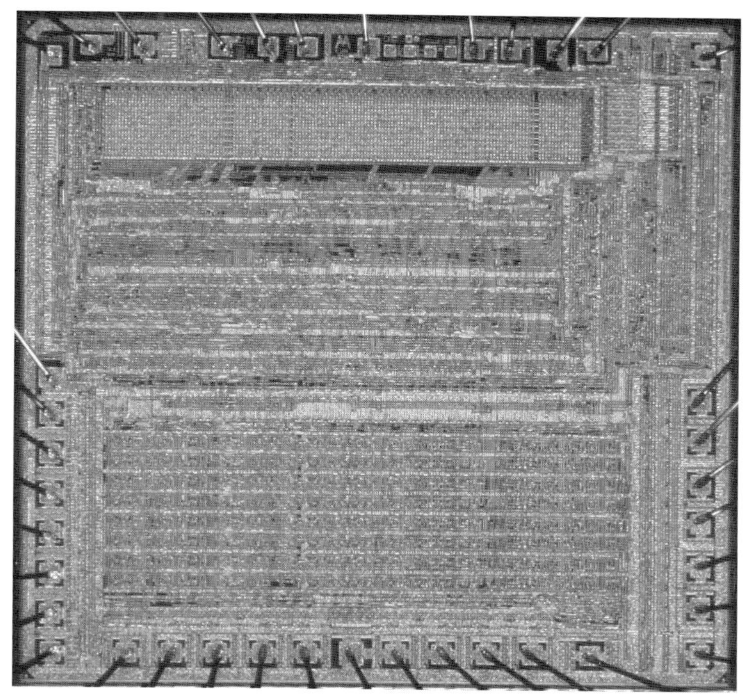

🅰デプリション負荷に再設計された6800のダイ

Photo by Pauli Rautakorpi

このころ、中東戦争に端を発した不況が世界を覆い、モトローラは業績を悪化させていました。トム・ベネットのもとにいた技術者は、解雇されたり、異動を命じられたり、自ら他社へ(多くはモステクノロジーへ)転職したりして、組織の体をなしていませんでした。デプリション負荷への変更は、ゲイリー・ダニエルズが率いる設計部門が引き受けました。

従来の6800はダイの面積が29.0mm^2、速度は1MHzでした。デプリション負荷で作り直した6800はダイの面積が16.5mm^{2}に減り、歩留まりが上がるとともに速度が最高2MHzに達しました。これで、競争力が復活しました。新しい6800の型番は標準品(1MHz)が従来と同じ、1.5MHzで動くものがMC68A00、2MHzで動くものがMC68B00とされました。

⬆6820（上）とデプリション負荷の6821（下）

ほかのICも6800と同じ規則で無印とA付きとB付きの型番が振られました。SRAMは、もともと高速版のMCM6810-1があって、その型番はMCM68A10に置き換わりました。ROMは、データシートにMCM68A30とMCM68B30が記載されていますが、実際に存在した形跡がなく、デプリション負荷で作り直したのに高速化しなかった可能性があります。

パラレルインタフェースはデプリション負荷にしたことでポートの電気的特性がやや悪化しました。たとえば、入力H電流（I_{IH}）が-250μAから-400μAに、入力L電流（I_{IL}）が1.0mAから1.3mAに増えました。そのため、新しい型番、6821が振られました。ポートの微妙な違いは必ずしも現実の問題にならなかったようで、6820はほどなく姿を消しました。

デプリション負荷のICは速度の違いで型番が区別されましたが、従来のICは選別なしに標準品として出荷されたので、中には1.5MHzで動くものがありました。マニアの間で語り継がれる噂話によれば、一部地域に存在したブラックマーケットでは、まだ売れ残っていた従来のICを安く仕入れ、マーキングをA付きに書き換えて高く販売したとされます。

実をいうと、若松通商で買った6800は本来のマーキングを削り取ってMC68A00に書き換えた痕跡があり、偽物の可能性があります。微妙な話題なので断っておきますと、いずれにしろ若松通商は善意の第三者です。また、たとえこれが偽物のMC68A00だとしても、中身は本物の6800です。今となっては、むしろ偽物であったほうが、歴史的価値を有します。

モトローラは偽物の横行を防ぐため、多少の在庫があったデプリション負荷でないICに赤い塗料で印を付けました。わずかな期間のことなので、赤印が付いたICは数が少なく、現在、コレクターに珍重されています。おかげで、ときどき赤印を付け足したようなICが見受けられます。偽物を防ぐ対策が、長い年月を経て、別の偽物を生み出した恰好です。

⬆マーキングを削り取って書き換えた痕跡が見受けられるMC68A00

インテルの8085

Photo by Stefan506

インテルはモトローラより早くイオン注入を実用化し、デプリション負荷のメモリを製造しました。しかし、8080は電源ピンが3本（GNDを除く）あって今さら単一5Vにしたらややこしいことになるため、デプリション負荷は無用の長物でした。インテルがマイクロプロセッサにデプリション負荷を使ったのは、1976年3月に発売した8085が最初です。

AMIと日立製作所とフェアチャイルドが作った同等品

マイクロプロセッサは安定供給を保証する観点からセカンドソースが不可欠です。モトローラの誤算は、インテルが気前よく8080の真似を黙認したことでした。多くの半導体メーカーは法的にやや問題のある手法で、すでに8080の同等品を開発していました。6800の同等品を製造してくれそうなところは、生真面目な2社、AMIと日立製作所くらいでした。

モトローラの過剰なこだわりも話をややこしくしました。同社は同等品が完全に同等となることを目指し、技術供与ではなく、同社のマスクで製造することを求めました。AMIは、見下されたような契約に不満を抱きながらも1974年12月から1年、6800の同等品を製造しました。また、1975年12月からもう1年、6800とファミリーの同等品を製造しました。

日立製作所は業態から社風までモトローラと共通するところが多く、やがて一心同体といって過言でない蜜月関係を築きます。しかし、この時点ではインテルに傾倒していました。同社はインテルの4004に刺激を受け、独自にその同等品、HD35404を開発しました。この仕事は商売というより腕試しに近く、完成したのは6800が発表されたあとでした。

日立製作所の弱点はNMOSの製造技術をもたないことでした。相次いで発表された8080と6800を見てPMOSではとうてい太刀打ちできないと悟り、インテルかモトローラと技術提携する道を模索しました。始めにインテルと交渉しましたが、同社はセカンドソースがあと1社増えることに関心がなさそうでした。モトローラのほうは歓迎してくれました。

Photo by Jeff Israel

Photo by ukcpu.net

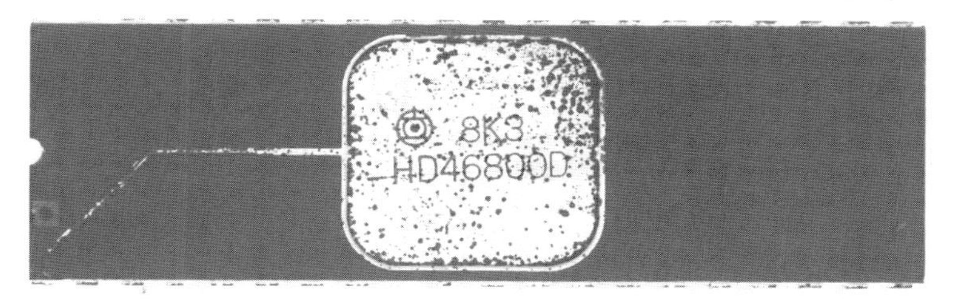

⬆モトローラのMC6800（上）とAMIのS6800（中）と日立製作所のHD46800（下）

日立製作所にも売りものがありました。同社が新川製作所と共同開発したボンダ（ダイとピンを配線する装置）は、高解像度の撮像素子で正確に位置決めし、電線に高周波を掛けて接着材料なしで接着するなど、世界最高の水準にありました（熟練した工員の手作業と互角の勝負をしました）。うまくすれば技術交換で出費を相殺できる見込みがありました。

価格競争に晒されてコスト削減が急務だったモトローラが日立製作所のボンダに魅力を感じたことは想像に難くありません。しかも、NMOSを製造できない日立製作所が、当面、完成したダイの供給を希望したので、同等品が完全に同等となることは確実でした。モトローラと日立製作所は双方の思惑が一致し、広範なクロスライセンス契約を結びました。

フェアチャイルドは1973年に独自のマイクロプロセッサ、F8を発表しており、当初、インテルにもモトローラにも付かない立場でした。ところが、F8は製造が大幅に遅れ、1975年にようやく発売したものの、2年前の設計では8080や6800に勝てませんでした。同社はF8に見切りを付け、1976年から2年に渡り、6800とファミリーの同等品を製造しました。

⊕ ミニコンで動く開発ツールと開発支援装置EXORciser

マイクロプロセッサは開発環境とセットで成立する商品であり、ことによっては開発環境の出来栄えがマイクロプロセッサの評価に影響します。モトローラは、たぶん、インテルの先例をよく研究したのでしょう。初めてのこととは思えない手際のよさで、取り急ぎミニコンで動く開発ツールを提供し、続いて開発支援装置、EXORciserを販売しました。

ミニコンの開発ツールは、エディタ、アセンブラ、シミュレーションデバッガの構成です。ミニコンを持っている顧客には、これらのソースが販売されました。普通は、GE（ゼネラルエレクトリック）のタイムシェアリングサービスを介して使います。その場合、端末を電話回線につなぎ、あとは何もなしに、ちょっとプログラムを書いてみることができます。

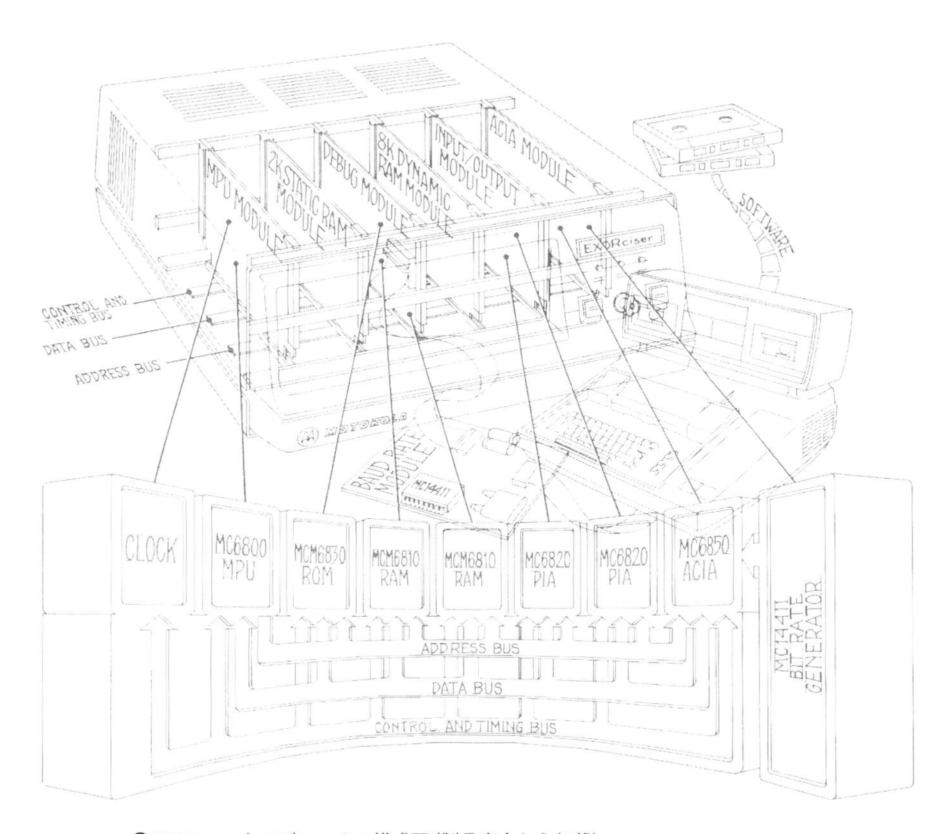

⮉EXORciserとモジュールの構成図（製品案内から転載）

もうひとつのEXORciserは、杓子定規にいえば、スロットだけを備えた、ただのケースです。これに別売りのモジュールを挿し、電源を取り付けると、好みに応じたコンピュータが出来上がります。その上で、開発中の回路をワイヤラップモジュールに組み立てて挿し、動作確認をします。製品案内では「開発期間を短縮し、開発費用を減らす」と謳っています。

EXORciserのコンピュータが少なくとも2KバイトのRAMを備え、端末がつながる構成になっていれば、別売りのエディタとアセンブラが動

⬆EXORciserのすっきりしたフロントパネル

きます。エディタとアセンブラはカセットテープまたは紙テープで提供され、端末からRAMへアップロードして動かします。完成したプログラムをEPROMに書き込むためのプログラマモジュールもありました。

インテルの開発支援装置、Intellec8はフロントパネルに多数のスイッチとLEDが並び、単体でひととおりの操作ができます。EXORciserは全部の操作を端末からやることにして、フロントパネルをすっきりさせました。どちらがいいかはともかく、このふたつの方向性は、のちに登場するマニア向けのコンピュータ、AltairとSWTPC6800に受け継がれます。

⊕端末で動かすMEK6800D1と自己完結型のMEK6800D2

6800の発売から1年後、市場の人気は8080と互角でした。ただし、圧倒的多数を占めたのはどちらにも関心がない人たちでした。電子機器のメーカーはたいていマイクロプロセッサなしで今ちゃんと成立している製品に満足していました。6800の普及を目指すなら、8080と競争をするより、マイクロプロセッサに無関心な層の関心を引くことが先決でした。

モトローラは、当初、その役割をMEK6800D1に託しました。従来は別売りだった専用のプリント基板を同梱し、あと電源と端末をつなげば動く形にまとめて、合計350ドルのところを149ドルで販売しました。この意欲的なバーゲン商品は、正札で1500ドルほどする端末が台無しにしました。マイクロプロセッサに無関心な層は端末を持っていませんでした。

1976年、モトローラは自己完結型の設計評価キット、MEK6800D2を発売しました。MEK6800D2は本体と簡易的な端末から成り、部品一式とマニュアルが付属して235ドルです。これを動かすのに必要なものは、あと電源だけです。電源は、いくらマイクロプロセッサに無関心な層でも日常的に見慣れた装置であり、どこからか融通することができました。

MEK6800D2の本体には6800とファミリーのICがひと揃いあって、そのうち6830にJbugと呼ばれるモニタが書き込まれています。簡易的な端末は電卓風のキーパッドと7セグメントLEDを備え、プログラムの入力、実行、結果の表示などをします。プログラムを1命令ずつ実行する回路やカセットテープに録音/再生するインタフェースもありました。

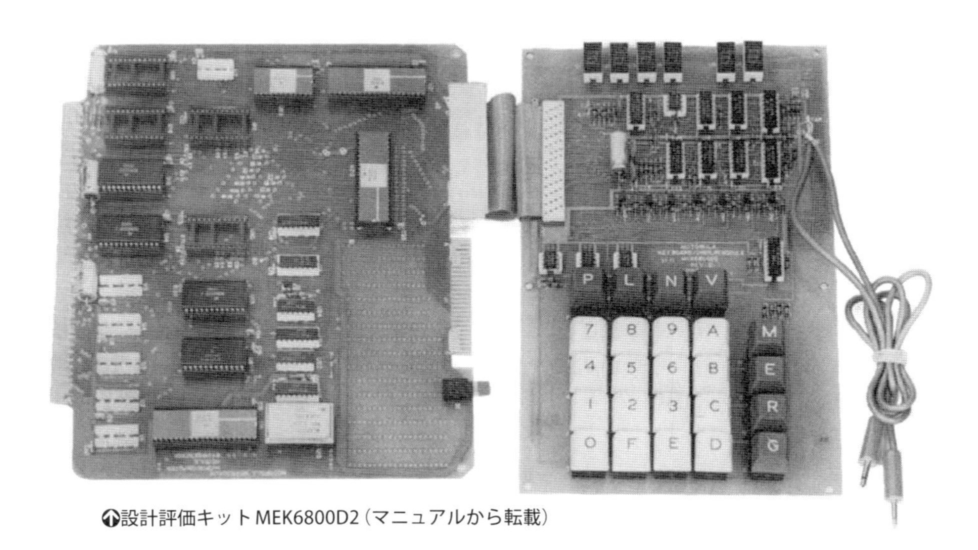

⬆設計評価キットMEK6800D2（マニュアルから転載）

MEK6800D2は、見た目と操作性を別にして、機能的にひとかどのコンピュータです。これで、モトローラは無関心な層の関心をひくことに成功しました。以降、半導体メーカーは各社とも電卓風のキーパッドと7セグメントLEDを備えた設計評価キットを発売します。日本ではそれらが電気街に流れ、マイクロプロセッサのマニアを生む契機となりました。

⊕ なぜか目立った採用例が見付からない第2弾の周辺IC

6800の周辺ICで6800と同時に発売されたことがハッキリしているのはMEK6800D1の一式、6810（SRAM）、6820（パラレルインタフェース）、6830（ROM）、6850（シリアルインタフェース）です。それ以外、すなわち、6840と6860と6870は、製造された事実を確認しましたが、いつ発売されたのかがわかりません。困ったことに、目立った採用例もありません。

6840（タイマ／カウンタ）は独立した16ビットのカウンタを3本持ち、それぞれ、定期的に割り込みを発生したり、通信用のクロックを生成したり、外付け回路の周波数を数えたりします。これが6800とともに使われた事例は見付かりませんでした。次世代の6809ではよく使われており、発売はその少し前、1978年ごろへズレ込んだものと推察されます。

6860（モデムコントローラ）はシリアルインタフェースの信号を電話回線につなぎます。モトローラの初期の広告に掲載されていて、早い段階で発売されたはずですが、6800とともに使われた事例は見付かりません。6800と無関係なところでは、ときどき見かけます。たとえば、IBMのCBX（デジタル電子交換機）が電話回線接続ボードに採用しています。

6870（クロックジェネレータ）は6800にクロックを供給します。関連製品に6871があり、こちらは必要に応じてクロックを停止することができます。モトローラは、これらをICではなく一般部品と位置づけています。実際、技術的な課題はなく、いつでも作れたことでしょう。6870の採用例は見付かりませんでした。6871はあちこちで使われています。

MC6870A
limited function microprocessor clock
250 kHz to 2.5 MHz

MC6871A
full function microprocessor clock
850 kHz to 2.5 MHz

MC6871B
alternate function microprocessor clock
250 kHz to 2.5 MHz

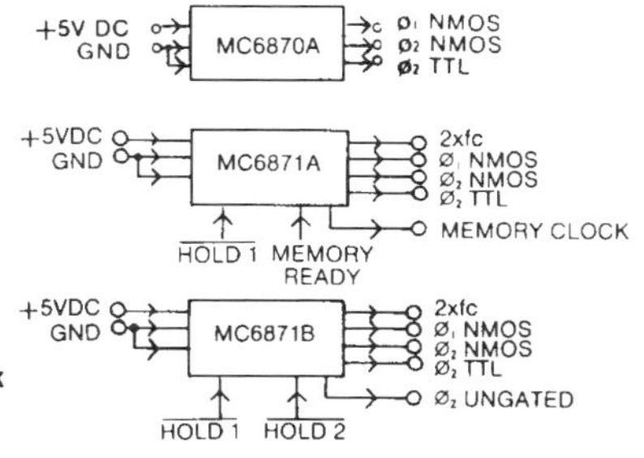

⮉MC6840（上）、MC6860（中）、MC6871と関連製品の機能仕様（下）

初期のマイクロプロセッサは6800にしろ8080にしろクロックの波形にうるさい規定があり、それを満たす6870や6871は、とても便利な部品です。しかし、価格が周辺IC並みの30ドルもして、おいそれと使えませんでした。MEK6800D1は自前の発振回路を持っています。MEK6800D2とEXORciserのMPUモジュールは6871を採用しています。

⊕ 日立製作所が開発してファミリーに加えられた周辺IC

1976年ごろ、日立製作所はNMOSの製造技術を確立し、モトローラのマスクで6800とファミリーの同等品を製造しました。従来、カスタムICを作って個別に対処していた案件は、6800とファミリーで実現する方向に修正されました。それが無理な一部の案件は、独自の周辺ICを開発して6800と組み合わせ、カスタムICを作るよりは簡単に実現しました。

当時、コンピュータの大半はアメリカで製造されましたが、周辺装置はメカニズムに強い日本のメーカーが優勢でした。メカニズムの制御は、複雑な手順と素早い応答が求められ、既存の周辺ICをプログラムで遣り繰りする方法は無理でした。日立製作所は、日本の実情に合わせ、周辺装置に特化した周辺ICをHD46500番代の型番でラインアップしました。

HD46502はCMT（カセット磁気テープ）コントローラです。CMTはコンピュータ専用の記憶媒体で、ドライブの論理的な機能がISOで規定されています。HD46502はその基本機能に対応したコマンドを受け付け、走行制御や読み書きの信号を発効します。ドライブの物理的な構造は各社まちまちなので、HD46502は内部のROMでその差異を埋めました。

HD46502は内部のROMにドライブの情報を書き込む必要があり、普通のROM（マスクROM）と同様に受注生産です。パッケージには注文主のロゴや品番がマーキングされました。HD46502を採用した製品で、よく知られているのがTEACのMT-2です。OEMを原則とする裸のドライブですが、そのままの形で部品店に並び、マニアにも販売されました。

⬆HD46502を採用したTEACのCMTドライブ、MT-2の背面

HD46503はフロッピーディスクコントローラです。フロッピーディスクはIBMの製品仕様が事実上の標準規格となっていました。HD46503はIBM3740系ドライブの基本機能に対応したコマンドを受け付け、回転制御、ヘッドの移動、読み書きなどを実行します。一般的な用語でいうと、これで8インチ片面単密度フロッピーディスクを使うことができます。

HD46504はDMAコントローラです。周辺ICとメモリの間でデータの高速な転送が必要なとき、6800をバスから切り離し、かわってHD46504が読み書きの信号を発効します。典型的な応用例は、CMTやフロッピーディスクの読み書きにともなうデータの転送です。HD46502やHD46503とともにHD46504がラインアップされたのは自然な成り行きでした。

HD46505はCRTコントローラです。レジスタが18本あって、その読み書きで設定や制御をします。設定が済むと自律的に動作し、メモリから文字コードや画像を読み出してビデオ信号を生成します。また、スクロール、ページング、カーソル制御、ライトペン検出などの指示を受け付けます。解像度は最高640ピクセル×200ピクセルで、随時、変更が可能です。

これら日立製作所が勝手に作った周辺ICのうち、HD46503、HD46504、HD46505は、のちにモトローラが同等品を製造し、6800の正式なファミ

⬆日立製作所のHD46503（上）とHD46504（中）とHD46505（下）

⬆IBMカラーグラフィックスモニタアダプタに採用されたMC6845 Photo by Malvineous

リーに仲間入りしました。ファミリーの型番は、フロッピーディスクコントローラが6843、DMAコントローラが6844、CRTコントローラが6845です。なお、CMTコントローラ、HD46502の同等品はありません。

特筆に値するのは6845の凄い人気です。使い勝手の良さから6800以外のマイクロプロセッサでも使われ、すぐあとに訪れたパソコンのブームに乗って、シャープのX1シリーズ、コモドールのPET 4000/8000シリーズ、IBM PCなど内外の人気機種に採用されました。ざっと10年に渡り、大量に売れ続けたので、6800より多く生産されたかもしれません。

モトローラの技術に頼ってマイクロプロセッサの道を踏み出した日立製作所は、ここへ来てついに、ほぼ対等な関係を築きました。ちょうどこのころ、日本は国策で半導体産業の育成を目指しており、同社はその恩恵を受けて技術にいっそうの磨きをかけました。中でもメモリは、モトローラをさらりと追い越し、ゆくゆくインテルを撤退へ追い込みます。

⊕ インテルの8085をモトローラが6802で追う展開

マイクロプロセッサの次の展開は外付け部品の削減が焦点になりました。1976年3月にインテルが発売した8085は、クロックジェネレータとバスコントローラと割り込みコントローラを内蔵し、単一5V電源で動きます。8080に比べて格段の進歩といえますが、これでようやく6800に追い付き、クロックジェネレータがある分だけリードした恰好です。

当時、インテルは8080の周辺ICをひととおり完成させており、それは8085でも使えました。加えて8085に専用の周辺IC、8755と8156が発売されました。8755はEPROMと汎用ポートを備えます。8156はRAMとタイマと汎用ポートを備えます。8085と8755と8156の一式は、ただ事務的につなぐだけで、完璧な制御用のコンピュータとして働きます。

⬆8085と8755と8156の同等品で構成した制御用のコンピュータ

↑モトローラのMC6802（上）とMC6846（下）

制御用のコンピュータは人の目に触れる機会が少ないため実態を実感しにくいのですが、さまざまな統計資料がマイクロプロセッサの過半数を消費すると指摘する大きな応用分野です。インテルは、何だかんだいわれながら、いつもいいところへいいタイミングでいい製品を投入します。モトローラはたいがい後手に回り、その背中を追いかけています。

1977年3月、モトローラは6802を発売しました。6802は、6800にクロックジェネレータと128バイトのRAMを追加した製品です。これで8085の構造に追い付き、RAMがある分、優位に立ちました。RAMは少量ながら制御用だと間に合う場合がありますし、そうでなくても、特別な短い命令で読み書きできる領域、ゼロページにあって作業用に重宝します。

6802と同時に、2KバイトのROMと汎用ポートとタイマ/カウンタを備えた6846が発売されました。6802と6846の組み合わせは、インテルの8085と8755と8156に匹敵する制御用のコンピュータを構成します。最小構成はインテルよりICがひとつ少なくて済みますし、もし機能が必要なら、6800の周辺ICをもうひとつふたつ直結することができます。

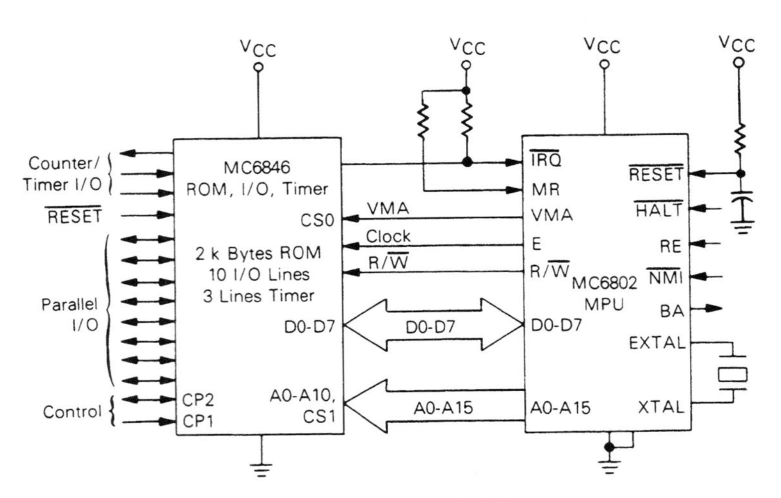

6802と6846を組み合わせる例（データシートから転載）

6846は内部にROMを持っており、原則として受注生産です。ただし、ROMにMikbugの機能拡張版を書き込んだ製品が単品で販売されました。Mikbug2.0は電卓風のキーパッドと7セグメントLEDから成る簡易的な端末で動きます。TV BUGは簡易的な端末で動くほか、周囲にそれなりの回路があれば家庭用のテレビに文字を表示することができます。

ワンチップマイクロプロセッサ6801/6803の誕生

モトローラの社名はモーターカー（自動車）とビクトローラ（有名な蓄音機）を組み合わせたものです。初期の主力製品はカーラジオで、以来、自動車メーカーと親密な関係を築いてきました。6802や8085が登場したころ、自動車メーカーは故障しがちな可動部品を電気回路に置き換える努力をしていました。モトローラはそうした事情に通じていました。

自動車にマイクロプロセッサを搭載すれば最強の電気回路を構成することができます。ただし、それひとつで何もかもやると、故障したとき全滅してしまいます。自動車は、最強でなくていいから、小さくまとまるマイクロプロセッサをたくさん必要としていました。6802や8085は、少数のICで動きますが、自動車メーカーは単独で動くことを要求しました。

1977年9月、モトローラは単独で動くマイクロプロセッサ、6801を発売しました。6801は、6802に6846を組み込み、あともうひとつシンプルな（6850ほどではない）シリアルインタフェースを追加したものです。開発を急ぐために既存の技術を組み合わせたのですが、やたらめっぽう詰め込んだせいでダイが大型化し、コストを下げるのに苦労したようです。

自動車メーカーでマイクロプロセッサの採用をいちばん熱心に検討していたのはGM（ゼネラルモーターズ）です。6801が同社のカスタムICだったとする推測があるほどです。同社は、手始めに6801でキャデラックのトリップメーターを作りました。これを契機にほかの部分へ採用を広げる計画でしたが、価格交渉が決裂し、それは実現しませんでした。

6801は内部にROMを持つ受注生産の製品で、大口の注文が入らなければ市場に姿を現すことすらありません。そんな状態のまま存在感を失い、大口の注文が入らなかったら絶望的な悪循環です。そこで、6801からROMを取り除いた6803が作られました。モトローラは6803が市場の関心をつなぐ間に集積技術を向上させ、6801を妥当な価格に下げました。

⬆モトローラのMC6801（試作品のためマーキングはXC6801）

⬆モトローラのMC6803

6803の発売日は公式な記録がなく、状況の推移から1978年の中盤だろうと推測しています。当時の古典的なアーケードゲーム機（たとえばピンボール）に多くの採用例があり、メカニズムの制御や効果音の再生を分担しています。マニアがコンピュータを自作するのにも打って付けなはずですが、発売から数年、一般向けに販売された形跡がありません。

⊕ 日立製作所が開発した二重ウェル構造のCMOS

日立製作所はモトローラとの契約に沿って6801と6803の同等品を発売しました。同時に、これらをCMOSで作る研究に取り組みました。それは業界の常識に照らして馬鹿げた試みでした。意外に思うかもしれませんが、CMOSはPMOSと同世代にあたる古い製造技術です。低消費電力ですが速度や集積度が上がらず、NMOSが取ってかわったのでした。

モトローラはすでにCMOSの製造技術を持ち、標準ロジックを販売していました。インテルは、創業当初、CMOSの時計用ICを作って時計メーカーを目指したことがあります。両社とも、CMOSではそれ以上の展開がなく、NMOSに進んでマイクロプロセッサを完成させました。日立製作所の研究は、無知なあまり時代を逆行しているように見えました。

CMOSのスイッチは、信号をHへ引っ張るPMOSの素子とLへ引っ張るNMOSの素子で構成されます。ふたつの素子が理想的な電気的特性を

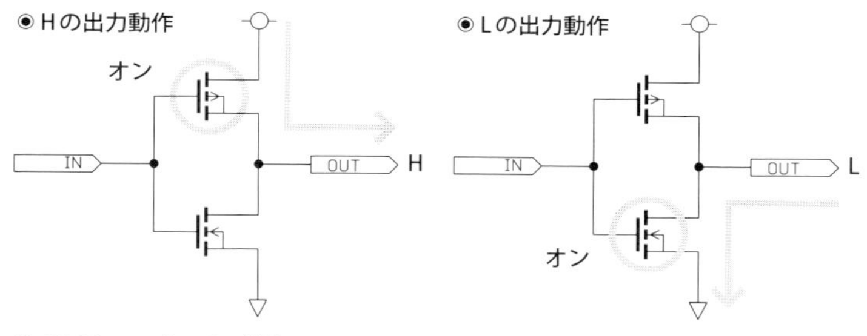

⬆CMOSのスイッチの構造

持てば、一方がオン、他方がオフとなり、電力を消費せずにHまたはLを出力します。しかし、電気的特性の調整に失敗するとスイッチングの過程で両方ともオンになる期間が生じ、一瞬、大きな電力を消費します。

インテルやモトローラが使えないと判断したCMOSは、PMOSの一部にNMOSを埋め込んであり、双方の電気的特性が同じ方向へズレます。製造上の調整は、せいぜい、上手にズラしてふたつの素子に公平な妥協を求めることしかできません。回路の規模を大きくしたり速度を上げたりすると多かれ少なかれ消費電力が増え、やがて限界に突き当たります。

日立製作所のCMOSは専門用語で「二重ウェル構造」と呼ばれます。NMOSとPMOSの領域が独立しており、イオン注入を使って、ふたつの

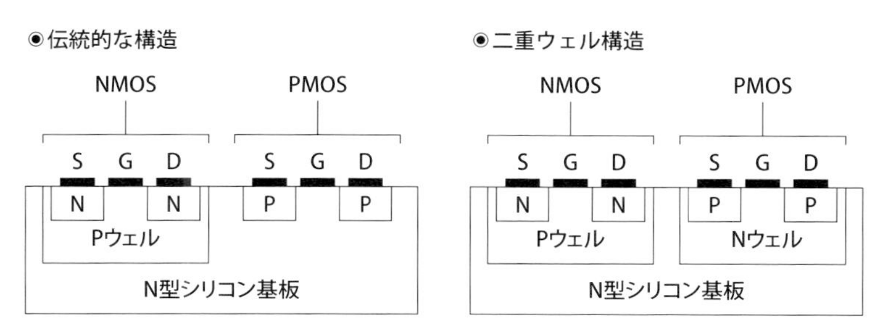

⬆新旧のCMOSの構造

素子の電気的特性を個別に調整することができます。この構造で試験的にSRAM、6147が製造されました。その速度は、当時、NMOSで最速といわれたインテルの2147に並び、消費電力は、わずか1/7で済みました。

日立製作所は引き続き6801のCMOS版に取り組みました。同社は顧客との商談で、よくその経過を話題にしました。こんな状況で、古い6801を注文する顧客はいません。たとえば、エプソンは6801のコンピュータを作ろうとしていましたが、CMOS版の発売を待つことにしたといわれます。実際、日立製作所が6801を生産した例はほとんど見付かりません。

1981年10月、日立製作所は6801のCMOS版、6301を発売しました。速度は同じで、消費電力が1/20に減りました。早速、エプソンが持ち運び可能なコンピュータ、HC-20を作りました。HC-20は6301を2個使った意

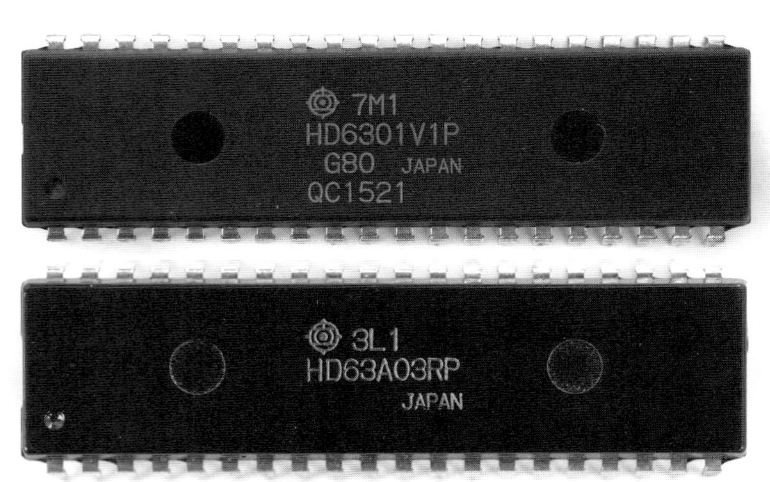

⬆日立製作所のCMOSの製品、HM6147（上）とHD6301（中）とHD6303（下）

欲作で、それ以外のICもすべてCMOSで揃えられ、バッテリーで比較的長い時間、動作しました。これが6301とCMOSの効果を知らしめました。

日立製作所は次に6803のCMOS版、6303を発売しました。6303は音源用ICの制御に使われる例が目立ち、ヤマハやローランドの音楽製品、セガやナムコのアーケードゲーム機などに多用されました。日本では電気街で一般向けにも販売されました。共立電子産業は6303を採用したシングルボードコンピュータのキット、KBC-6303Xを販売しました。

日立製作所が開発したCMOSの製造技術と6301/6303の設計は契約に基いてモトローラに開示されました。モトローラは6301/6303の製造を試みましたが、たぶん生産ラインが不慣れなせいで、期待した性能が出ませんでした。もともとCMOSに懐疑的だったモトローラは、とうとう否定的になり、6301/6303の同等品を製造しないことに決めました。

日立製作所の6301/6303はいい売れ行きでした。煽りを食ったのは、インテルの競合製品ではなく、モトローラの6801/6803でした。モトローラは同社が開拓した市場で日立製作所が一方的に稼いでいる印象を持ちました。日立製作所は、この期に及んでCMOS版を作らないモトローラの頑固さに辟易とさせられました。両社の間に小さな亀裂が生じました。

次世代のマイクロプロセッサでも同じことが繰り返されました。モトローラがNMOSの6809を発売すると、日立製作所はそのCMOS版、6309を発売して売り上げを奪いました。しかも日立製作所は6309に独自の命令を追加して（これは結果的に非公表とされました）、同等品が完全に同等でなければならないと考えるモトローラの神経を逆撫でしました。

もうひとつ次の世代の68000で、モトローラは日立製作所にCMOS版の製造を認めないと伝えました。それはあまりに分別がなく、契約上、通用しない話でした。日立製作所は技術者を派遣してモトローラに新しいCMOSの生産ラインを立ち上げ、ともにCMOS版の68HC000を製造しました。その上で両社は契約を解消し、以降、それぞれの道を歩みました。

3 市場の反応

［第1章］
伝説の誕生

⊕ 6800が実現した高機能な電子機器

マイクロプロセッサは、当初、電子機器に組み込まれて人目に付かないところで働きました。4004や8008からの流れで8080を採用する例が先行しましたが、機能が複雑な製品は6800を選ぶ傾向がありました。売れ行きは、たぶん対等でした。モトローラはその事実を知ってもらうため、雑誌の広告で6800を効果的に使った他社の製品を紹介しました。

TRWはクレジットカードの決済を省力化するシステム、2001POSを作りました。2001POSは、信用情報の照会、支払い方法ごとの計算、領収書の発行、管理部門への報告などをほぼ自動的に実行します。処理の手順は変更が可能で、TRWのサービスマンが要望に応じてカスタマイズしました。そのため、同じ設計の製品を多くの顧客に販売できました。

HPは伝送障害検査装置、HP4942Aを作りました。HP4942Aは音声帯域の伝送経路で信号対雑音比、エンベロープ遅延、位相ジッタなどをほぼ自動的に測定します。結果は内部に記憶され、必要な値をディスプレイに表示します。また、同社が開発して標準化した規格、GP-IBで汎用のコンピュータと接続し、外部からコントロールすることもできました。

ルスコはカード認証セキュリティシステムCARDENTRY500を作りました。CARDENTRY500はカードリーダと連動し、カードを挿入した人にドアの開閉やコピー機の使用などを認めます。カードを紛失したらキーの操作で即座に無効とすることができます。無効なカードが挿入されたり室内に長くとどまったりした場合に警報を出す機能もあります。

They stay out front with Motorola's M6800 Family

TRW

Programmable terminals in TRW's new 2001 POS system allow each store its own unique personality. They're interactive. They lead operators step-by-step through transactions, authorize credit, compute difficult calculations, and give customer receipts with word descriptions. They also provide information for management reports. The 2001 POS system relies on Motorola's M6800.

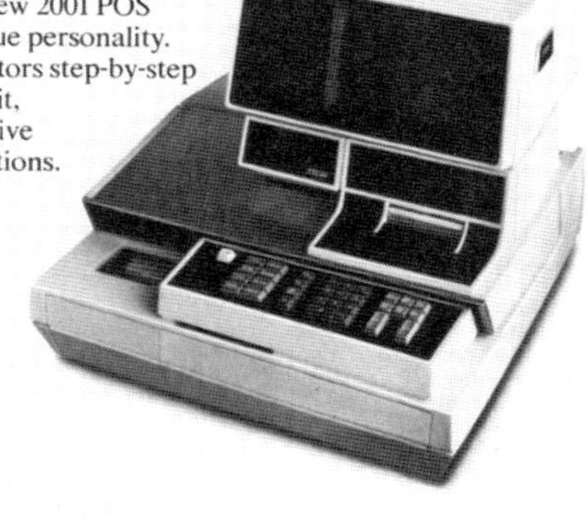

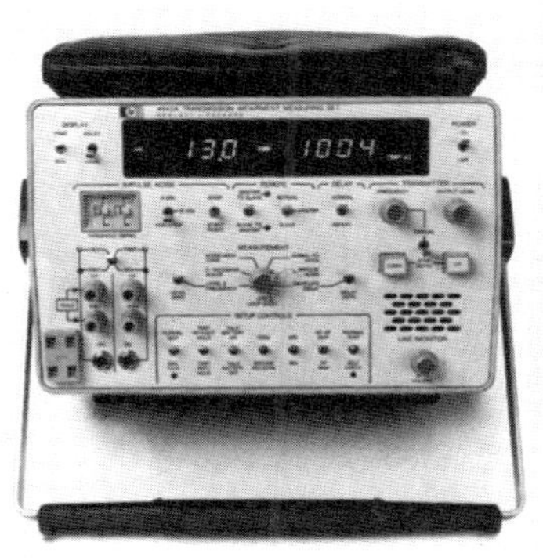

HEWLETT-PACKARD

Improvement in analog parameter measurement of voice bandwidth data circuits is the object of Hewlett-Packard's 4942A Transmission Impairment Measuring Set. It has automatic self-check, master/slave control, automatic system capability, and it's portable. Microprocessing gave the system minimum power consumption and size. M6800 gave it the required analog hardware interface and desired master/slave control.

RUSCO

Rusco Electronic Systems' CARDENTRY 500 is far more than just a site-access security system for more than 20,000 separate identities. It's programmable, so lost cards are ruled out at the touch of a button. It also monitors alarm systems, reports personnel in–out status, automatically locks and unlocks locations, manages copy machine usage, and more. Microprocessing is by the M6800 Family.

Motorola Semiconductor Products Inc. P.O. Box 20912, Phoenix, AZ 85036

MOTOROLA Semiconductors

—and you thought we were just a production house

🅞モトローラの広告で紹介された6800の応用製品

マイクロプロセッサでいつか汎用のコンピュータが作られる状況になれば、いよいよ6800が真価を発揮し、シェアを伸ばすはずでした。ただし、汎用のコンピュータはプログラムをRAMで走らせるため、その価格が下がるまであと数年は実現しないと思われました。現実は違いました。汎用のコンピュータはすぐに現れ、マイクロプロセッサは8080でした。

⊕ 8080を採用した汎用のコンピュータAltair

アメリカのオタク系電子工作雑誌『ポピュラーエレクトロニクス』は、1975年1月号でMITSのコンピュータ、Altairの発売を伝え、紹介記事を組みました。Altairはインテルの8080とわずか256バイトだけのRAMを備え、価格が498ドル、キットなら397ドルでした。この最悪で格安のコンピュータが、実用性に頓着しないマニアの需要を掘り起こしました。

MITSは電子工作のマニア向け商品を通信販売する会社です。一時期、電卓のキットがよく売れて従業員20人規模まで成長しましたが、その後は鳴かず飛ばずで、ありていにいえば倒産寸前の状態でした。Altairは、数量が出る前提で安い価格を付けた、破れかぶれの商品です。万が一、注文が年間200台を下回ったら、経営が立ち行かなくなる原価構造でした。

アメリカは国土が広く人口が多いため、マニア向けの商品でも通信販売を上手にやれば商売が成立します。ネットがない時代、通信販売は雑誌の広告が頼りでした。それは雑誌にとっても重要な収入源だったので、お得意さんが力を込めた商品は特別な計らいで紹介記事を組み、損得抜きで注目に値すると判断した場合には表紙に写真を掲載しました。

『ポピュラーエレクトロニクス』でAltairの紹介記事を執筆したのは、MITSの社長、エド・ロバーツと設計担当、ビル・イェイツです。ビル・イェイツは、回路図を示し、試作基板の写真をあしらって、Altairの成り立ちを丁寧に解説しました。エド・ロバーツは、その前後に「一家に一台、ミニコンの時代が到来!」などの商売っ気あふれる文言を書き足しました。

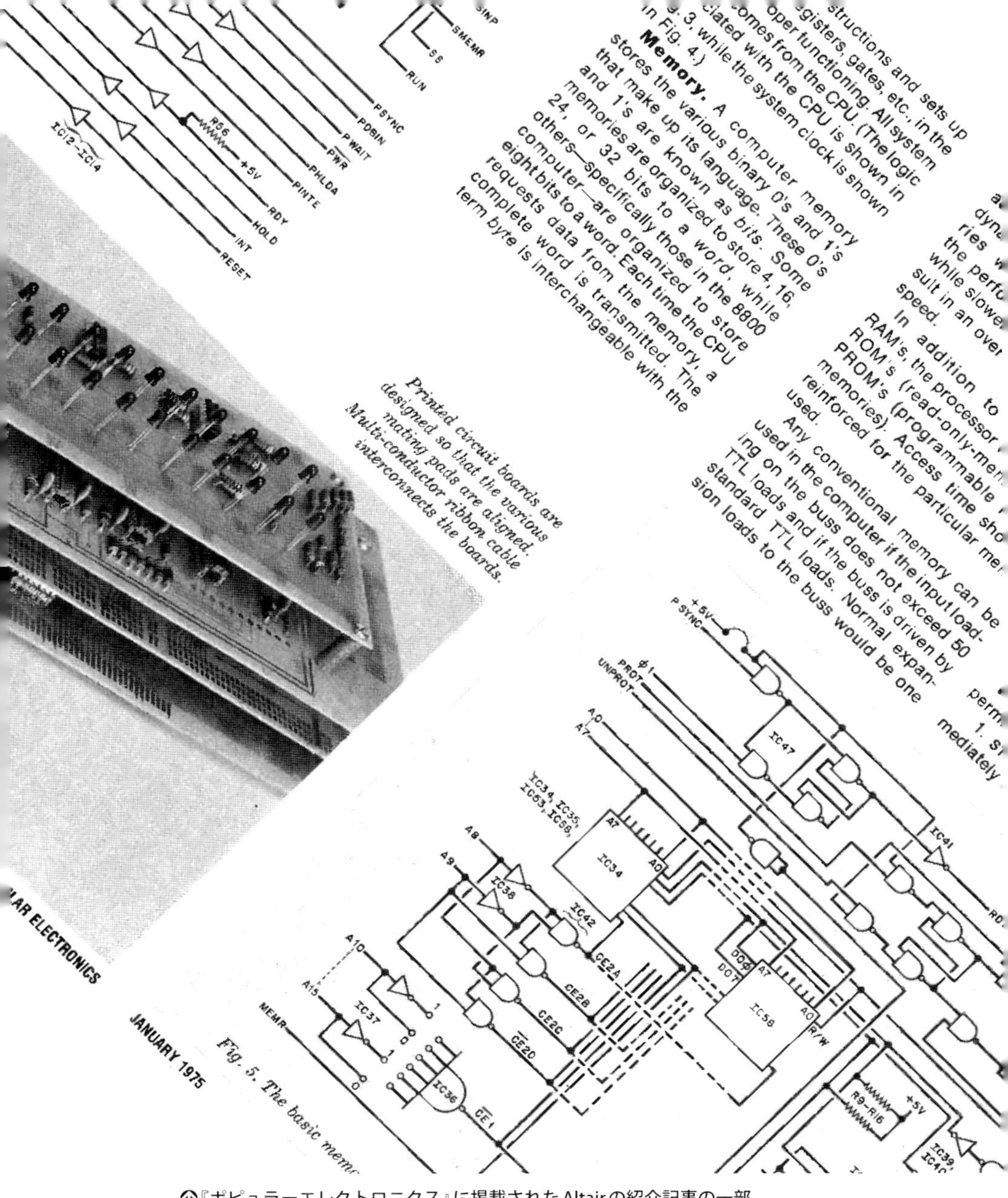

…structions and sets up …registers, gates, etc., in the …oper functioning. All system …comes from the CPU. (The logic …ciated with the CPU is shown in …g. 3, while the system clock is shown in Fig. 4.)

Memory. A computer memory stores the various binary 0's and 1's that make up its language. These 0's and 1's are known as bits. Some memories are organized to store 4, 16, 24, or 32 bits to a word, while others—specifically those in the 8800 computer—are organized to store eight bits to a word. Each time the CPU requests data from the memory, a complete word is transmitted. The term byte is interchangeable with the

…dyna… …ries w… …the perfo… …while slowe… …sult in an over… speed.

In addition to … RAM's, the processor … ROM's (read-only-mem… PROM's (programmable … memories). Access time sho… reinforced for the particular me… used.

Any conventional memory can be used in the computer if the input loading on the buss does not exceed 50 TTL loads and if the buss is driven by standard TTL loads. Normal expansion loads to the buss would be one

Printed circuit boards are designed so that the various mating pads are aligned. Multi-conductor ribbon cable interconnects the boards.

Fig. 5. The basic memo…

…LAR ELECTRONICS

JANUARY 1975

『ポピュラーエレクトロニクス』に掲載されたAltairの紹介記事の一部

HOW TO "READ" FM TUNER SPECIFICATIONS

Popular Electronics

WORLD'S LARGEST-SELLING ELECTRONICS MAGAZINE JANUARY 1975/75¢

PROJECT BREAKTHROUGH!

World's First Minicomputer Kit to Rival Commercial Models...

"ALTAIR 8800" SAVE OVER $1000

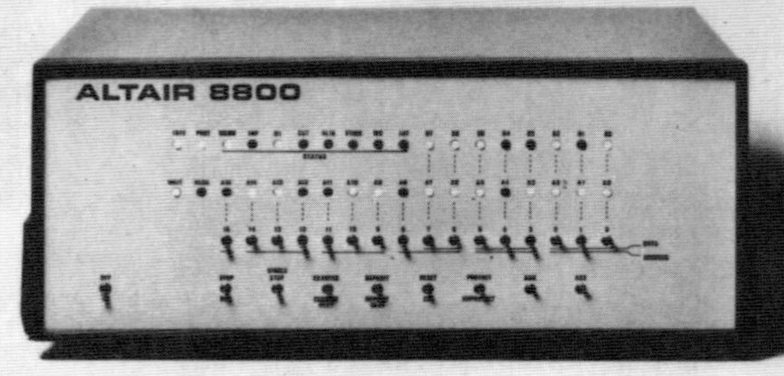

ALSO IN THIS ISSUE:

● An Under-$90 Scientific Calculator Project

● CCD's—TV Camera Tube Successor?

● Thyristor-Controlled Photoflashers

TEST REPORTS:

Technics 200 Speaker System
Pioneer RT-1011 Open-Reel Recorder
Tram Diamond-40 CB AM Transceiver
Edmund Scientific "Kirlian" Photo Kit
Hewlett-Packard 5381 Frequency Counter

⬆『ポピュラーエレクトロニクス』1975年1月号の表紙に掲載された偽物のAltair

『ポピュラーエレクトロニクス』のテクニカルエディタ、レス・ソロモンは表紙にAltairの写真を載せようと考え、MITSに完成品を1台、送ってほしいと伝えました。MITSは承諾しましたが、締め切りのギリギリまで待っても、それは届きませんでした。レス・ソロモンは、しかたなくそれらしい模型を作って撮影し、インチキなAltairの写真を掲載しました。

のちにエド・ロバーツは「確かに送ったが、鉄道のストライキに遭遇し、混乱の中でどこかに消えた」と述べています。そんなはずはありません。MITSにはまだ、完全に動作して人前に出せるAltairがなかったのです。紹介記事では今にも出荷が可能で、間もなく増設メモリと端末のインタフェースが完成しそうなことをいっていますが、それはハッタリでした。

Altairの注文は、『ポピュラーエレクトロニクス』が発売された当日の電話予約だけで200台を超えました。数日たつと、小切手の入った封筒が山積みになりました。MITSは十分な資金を得たところで部品の手配を始めました。8080はひとつ買うと360ドルですが、現金のまとめ買いで75ドルに下がり、目論みどおり、格安のコンピュータが成立しました。

注文した人は小切手を送ったきり何箇月も待たされました。MITSには苦情の電話が殺到しましたが、キャンセルした人は少数でした。MITSはこの間に設計を仕上げ、部品が揃うのを待って本物のAltairで動作確認を成功させました。ひとつ間違えば詐欺になるやりかたを運よく乗り切り、1975年4月以降、MITSは毎月2500台のAltairを出荷しました。

⊕ 端末がつながりBASICが走るスタイルを確立

当初、Altairの熱心なユーザーは指にタコができました。フロントパネルのスイッチでプログラムをRAMへ直接書き込む仕組みになっているからです。実行するとフロントパネルのLEDが点滅します。できることはそれだけです。格安のコンピュータだからひどいのではありません。1万ドルのPDP-11でも、本体しか買わなかったら同じ目にあいます。

Two 4,096 word Memory Boards (kit)

Your choice of Interface Boards (kit)

Altair 8K BASIC Language

Altair 8K BASIC Language. This language was chosen for the Altair Computer because of its versatility and power and because it is easy to use (comes with complete documentation). Altair 8K BASIC has many features not normally found in BASIC language including an OUT statement and corresponding INPut function that allows the user to control low speed devices (machine control without assembly language). Leaves 1750 words in 8K machine for programming and storage.

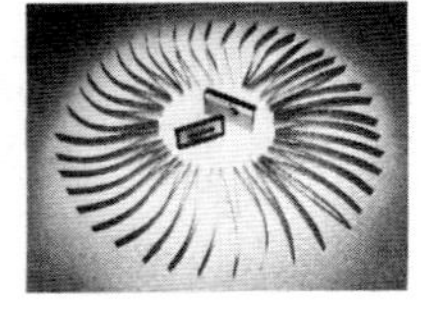

NOTE: Altair BASIC comes in either paper tape or cassette tape. Specify when ordering.

Interface Board Options. The *Parallel Interface Board* is used to connect the Altair 8800 to external devices that send and receive parallel signals. Many line printers require a Parallel Interface Board. The *RS232 Serial Board* is used to connect the Altair 8800 to external devices that send and receive RS232 serial signals. Most computer terminals require an RS232 Serial Interface Board. The *TTY Serial Interface Board* is used to connect the Altair 8800 to an ASR-33 or KSR-33 teletype (20 milliamp current loop). The *TTL Serial Interface Board* is for custom interfacing. The *Audio Cassette Interface Board* is used to connect the Altair 8800 to any cassette tape recorder. It works by changing the electrical signals from the computer to audio tones. It can be used to store unlimited amounts of information coming out of the computer and it can be used to put information back into the computer.

PRICES:

Altair Computer kit with complete assembly instructions	$439
Assembled and tested Altair Computer	$621
1,024 Word Memory Board	$97 kit and $139 assembled
4,096 Word Memory Board	$264 kit and $338 assembled
Full Parallel Interface Board	$92 kit and $114 assembled
Serial Interface Board (RS232)	$119 kit and $138 assembled
Serial Interface Board (TTL or TTY—teletype)	$124 kit and $146 assembled
Audio Cassette Interface Board	$128 kit and $174 assembled
4K BASIC language (when purchased with Altair, 4,096 words of memory and Interface Board)	$60
8K BASIC language (when purchased with Altair, two 4,096 word memory boards and Interface Board)	$75
COMTER II	$780 kit
Teletype ASR-33	$1500 (assembled only)

Input Output Devices. The Comter II Computer Terminal has a full alpha-numeric keyboard and a highly-readable 32-character display. It has its own internal memory of 256 characters and complete cursor control. Also has its own built-in audio cassette interface that allows you to connect the COMTER II to any tape recorder for both storing data from the computer and feeding it into the computer. Requires an RS232 Interface board.

The Standard ASR-33 Teletype prints 10 characters per second. It has a built-in paper tape reader and punch. Has standard 120 day Teletype warranty. Requires a Serial TTY Interface board.

NOTE: The Altair 8800 can be connected to any number of input/output devices other than the ones listed above.

"Creative Electronics"

6328 Linn, N.E., Albuquerque, NM 87108 505/265-7553

MAIL THIS COUPON TODAY

☐ Enclosed is check for $________

☐ BankAmericard #________ ☐ or Master Charge #________

* ☐ $995 BASIC System Special with following Interface Board: ☐ Parallel

☐ Serial RS232 ☐ Serial TTY ☐ Serial TTL ☐ Audio Cassette

☐ Altair 8800 ☐ Kit ☐ Assembled ☐ Options (list on separate sheet)

Include $8 for postage and handling

☐ **Please send free Altair System Catalog**

NAME ________

ADDRESS ________

CITY ________ STATE & ZIP ________

Credit Card Expiration date________

MITS/6328 Linn, NE, Albuquerque, NM 87108 505/265-7553

Warranty: 90 days on parts for kits and 90 days on parts and labor for assembled units. Prices, specifications and delivery subject to change.

⬆1975年8月発売の雑誌に掲載されたMITSの広告

Altairをちゃんとしたコンピュータの形で使うには、本体、増設メモリ、端末のインタフェース、端末、そして何らかのソフトウェアが必要です。MITSは本体の3箇月後に増設メモリと端末のインタフェースを発売しました。端末は他社の製品を仲介して間に合わせました。ソフトウェアは、ぜひ販売したかったのですが、開発できる人材がいませんでした。

ハーバード大学の学生、ビル・ゲイツは、あちこちのアルバイトでプログラムを書きながら、いつかソフトウェアで身を立てようと考えていました。アルバイトはいくらかの稼ぎになったとしても単発で終わります。『ポピュラーエレクトロニクス』は彼に活躍の場所を教えました。彼はAltairで動くBASICを作り、MITSに販売してもらう計画を立てました。

ビル・ゲイツは取り急ぎMITSにこんな電話を入れました。「BASICに関心はありませんか? 暫定版がもうAltairで動いていますよ」。この時点で、Altairはまだ部品を手配しているところでした。MITSはすぐにウソだと見破りました。しかし、そういう売り込みは日常茶飯事だったので、「では、仕上がったら連絡をください」と応じることに決まっていました。

ビル・ゲイツのBASICは約8週間で完成し、結果として、商談は滞りなく成立しました。MITSはそれを自社の製品として広告に掲載し、契約金175000ドルを支払ったほか、売り上げに応じた印税を約束しました。ビル・ゲイツが売り切りにしなかったのは賢明な判断でした。彼はそれを最初の商品としてマイクロソフトを設立し、大学を中退しました。

⊕ 6800を採用した汎用のコンピュータAltair680

MITSはAltairの成功で、倒産寸前の状態から一転、従業員100人規模の会社に成り上がりました。しかし、Altairの出荷は相変わらず遅れ気味でした。加えて増設メモリで動作不良が頻発し、返品が相次ぎました。決して安泰とはいえない状況でしたが、エド・ロバーツは意に介さず、むしろ商才に自信をもって、もうひとつのコンピュータを発売しました。

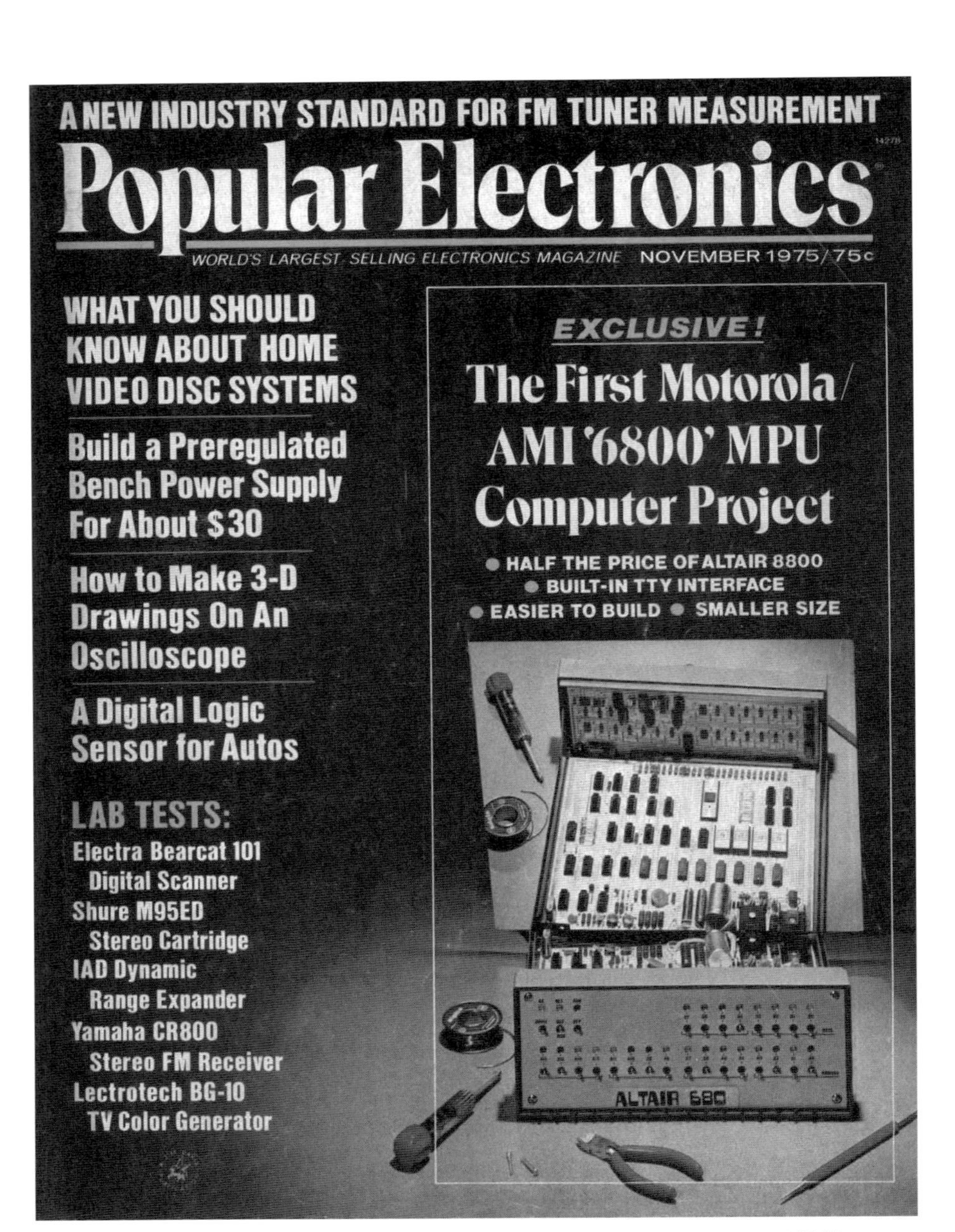

↑『ポピュラーエレクトロニクス』1975年11月号の表紙に掲載されたAltair680の試作機

MITSが次に発売したのはモトローラの6800で動くAltair680です。『ポピュラーエレクトロニクス』の1975年11月号は、前回と同様、表紙にその写真を掲載し、紹介記事を組みました。今度の写真は試作機で、模型だと疑われないようにカバーを開け、後ろに鏡を置いて中身を見せました。念が入りすぎて「前回は模型でした」といっているような写真でした。

紹介記事はエド・ロバーツと設計担当のポール・バレンが書きました。大半はポール・バレンが書いたようです。彼はAltair680の技術的な成り立ちをざっくりとまとめた上で、Altairとの違いを丁寧に述べました。要約すると、価格が半分、体積が1/4、端末のインタフェースとモニタ入りのEPROMを備え、一方で、拡張性に劣り、速度も半分というものです。

⬆Altair680（上）とAltair（下）の大小関係がわかる写真（MITSの広告から転載）

ALTAIR COMPUTER COMPARISON CHART		
Features	**Altair 680**	**Altair 8800**
Maximum word size	24 bits (byte oriented)	24 bits (byte oriented)
Arithmetic unit	8-bit parallel	8-bit parallel
Minimum cycle time	4 µs	2 µs
Program instructions	72	78
Maximum memory size	65k bytes	65k bytes
Internal expandability	5 interface cards	250 interface cards
Interrupt	3 levels	8 levels
MPU	6800 (Motorola, AMI)	8080 (Intel, TI)
Approximate system cost (Ik memory, I/O, case, P/S)	$300	$600
Miscellaneous	Fewer parts 2 printed circuit boards Smaller size Built-in TTY interface	Minimum of 4 pc boards

↑Altair680の紹介記事に掲載されたAltairとの比較表

Altair680の速度がAltairの半分という事実は6800の速度が8080の半分しかないことを意味しません。Altair680は最高1MHzのクロックで動く6800を半分の500kHzで動かしています。おそらく、フルスピードだと安く買い付けた古めのメモリがついていけないのでしょう。とりわけモニタを入れたEPROM、1702が足を引っ張っているように思われます。

Altair680の内部には比較的大きなマザーボードがあり、6800、6850、合計1KバイトのSRAM、合計1KバイトのEPROMが乗っています。電源を入れるとEPROMのモニタが起動し、6850を介して端末の操作を受け付けます。ですから、端末を持っていれば(MITSは中古品の購入を推奨しています)、フロントパネルのスイッチを操作しなくてすみます。

Altair680の価格は420ドル、キットなら293ドルです。これは、Altairに増設メモリと端末のインタフェースを取り付けた価格の約半分です。MITSはAltairの発売から10箇月の間に、この種の商品の勘どころを掴みました。過剰な拡張性を抑えて製造コストを下げましたし、広告に「納期は30日～60日ですが、状況によって異なります」と書き加えました。

Lowest Price in the World!

In January of 1975, MITS stunned the computer world with the announcement of the *Altair 8800* Computer that sells for $439 in kit form.

Today MITS is announcing the Altair 680.

The Altair 680, built around the revolutionary new 6800 microprocessor chip, is the lowest priced complete computer on the market. Until December 31, 1975, this computer will be sold in kit form for the amazing introductory price of $293! **(A savings of $52!)**

The Altair 680 comes with power supply, front panel control board, and CPU board inclosed in an 11" wide x 11" deep x 4 11/16" case. In addition to the 6800 processor, the CPU board contains the following:

1. 1024 words of memory (RAM 2102 type 1024 x 1-bit chips).
2. Built-in Interface that can be configured for RS232 or 20 mA Teletype loop or 60 mA Teletype.
3. Provisions for 1024 words of ROM or PROM.

The Altair 680 can be programmed from the front panel switches or it can be connected to a computer terminal (RS232) or a Teletype such as an ASR-33 or surplus five-level Baudott Teletype (under $100).

The Altair 680 can be utilized for many home, commercial or industrial applications or it can be used as a development system for *Altair 680* CPU boards. With a cycle time of 4 microseconds, 16-bit addressing, and the capability of directly addressing 65,000 words of memory and a virtually unlimited number of I/O devices, the *Altair 680* is a very versatile computer!

Altair 680 Software

Software for the *Altair 680* includes a monitor on PROM, assembler, debug, and editor. This software is available to *Altair 680* owners at a nominal cost.

Future software development will be influenced by customer demand and *may include BASIC on ROM.* MITS will sponsor lucrative software contests to encourage the rapid growth of the *Altair 680* software library. Programs in this library will be made available to all *Altair 680* owners at the cost of printing and mailing.

Contact factory for updated information and prices.

Altair Users Group

All *Altair 680* purchasers will receive a free one year membership to the Altair Users Group. This group is the largest of its kind in the world and includes thousands of *Altair 8800* and *680* users.

Members of the Altair Users Group are kept abreast of Altair developments through the monthly publication, ***Computer Notes.***

Altair 680 Documentation

The *Altair 680* kit comes with complete documentation including assembly manual, assembly hints manual, operation manual, and theory manual. Assembled units come with operation and theory manuals. Turnkey model and CPU boards also include documentation.

NOTE: ***Altair 680 manuals can be purchased separately. See back page of this catalog for prices.***

Delivery

Personal checks take 2-3 weeks to process while money orders and credit card purchases can be processed in 1-3 days. Delivery should be 30-60 days but this can vary according to order backlog. All orders are handled on a first come, first served basis.

Altair 680 Prices

***Altair 680* complete computer kit** **$293**
($345 after December 31, 1975)

***Altair 680* assembled and tested** **$420**

***Altair 680T* turnkey model (complete *Altair 680* except front panel control board) Kit Only** **$240**
($280 after December 31, 1975)

***Altair 680* CPU board (including pc board, 6800 microprocessor chip, 1024 word memory, 3 way interface and all remaining components except power supply)** **$180**
($195 after December 31, 1975)

***Altair 680* CPU board assembled and tested** **$275**

Option I/O socket kit (required when interfacing 680 to external devices) .... **$ 29**

Option cooling fan (required when expanding 680 internally) .... **$ 16**
($22 after December 31, 1975)

Option cooling fan installed .... **$ 26**

PROM kit (256 x 8-bit ultraviolet, erasable 1702 devices) .... **$ 42**

"Creative Electronics"

Prices, delivery and specifications subject to change.

⬆1975年11月発売の雑誌に掲載されたMITSの広告

Altair680とAltairのいちばん大きな違いはAltair680がAltairほど売れなかったことです。6800のコンピュータはAltair680に前後してもう2社が発売しており、その中でAltair680の性能はやや見劣りがしました。しかし、そういう話ではありません。Altairが圧倒的な人気を誇っていて、ほかの製品は、いずれにしろAltairほどは売れませんでした。

⊕歴史のはざまに咲いた徒花Sphere

雑誌の広告を丹念に調べると、6800のコンピュータで先頭を切って発売されたのはスフィアコーポレーションのSphereです。Sphereの広告は、最初、アメリカのオタク系電子工作雑誌『ラジオエレクトロニクス』の1975年7月号に小さく出稿されました。翌月には同誌と『ポピュラーエレクトロニクス』と『バイト』にやっと1ページの広告が載りました。

Sphereはオールインワンの力作で、本体にディスプレイ、キーボード、4KバイトのDRAM、4KバイトのEPROMを備えます。電源を入れるとすぐEPROMのシステムプログラムが起動し、ディスプレイにプロンプトを表示してキーボードの操作を受け付けます。価格は860ドル、キットなら650ドル、機能はもはやパソコンといっていい充実ぶりでした。

スフィアコーポレーションの社長兼設計担当はマイケル・ワイズです。同社は、どうやら彼ひとりで切り盛りしていたようです。設計の腕前が確かでも、Sphereの開発には長い時間と大きな資金を必要とします。彼はその難題をMITSと同じ手口で解決しようとしました。すなわち、部品の手配はおろか設計さえ完了していない時点で広告を出したのです。

Sphereにはまあまあの注文が入りました。さすがに小切手の入った封筒が山積みになったりはしませんでしたが、小さな会社を維持するのに十分な資金が得られました。設計が完了し、部品の手配が済んだのは、広告が出てから半年後のことでした。そのため、発売後、真っ先に注文した人は、評判の悪いMITSよりもっと長く待たされることになりました。

CLASSIFIED COMMERCIAL RATE (for firms or individuals offering commercial products or services). **$1.40 per word** . . . minimum 15 words.

NONCOMMERCIAL RATE (for individuals who want to buy or sell personal items) **85c per word** . . . no minimum.

FIRST WORD AND NAME set in bold caps at no extra charge. Additional bold face at 10c per word. Payment must accompany all ads except those placed by accredited advertising agencies. 10% discount on 12 consecutive insertions, if paid in advance. All copy subject to publisher's approval. Advertisements using P.O. Box address will not be accepted until advertiser supplies publisher with permanent address and phone number. Copy to be in our hands on the 26th of the third month preceding the date of the issue (i.e. August issue closes May 26). When normal closing date falls on Saturday, Sunday or a holiday, issue closes on preceding working day.

WANTED

COMPUTER printed circuit boards and equipment. Send list now! **FLATIRON ENTERPRIZES,** 4654 Harwich St., Boulder, CO 80301

QUICK cash . . . for electronic equipment, components, unused tubes. Send list now! **BARRY,** 512 Broadway, New York, NY 10012, 212 Walker 5-7000

EDUCATION & INSTRUCTION

FREE educational electronics catalog. Home study courses. Write to **EDUKITS WORKSHOP,** Department 269 G, Hewlett, NY 11554

LEARN design techniques. Electronics design Newsletter. Digital, linear construction projects, design theory and procedures. Annual subscription $6.00, sample copy $1.00. **VALLEY WEST,** Box 2119-A, Sunnyvale, CA 94087

PLANS & KITS

NEW organ kit builders guide $3.00. Circuits, block diagrams, details on diode keyed IC divider and independent oscillator designs. Many new kits and models. Keyboards also for synthesizers. Manual cost refundable with purchase. **DEVTRONIX ORGAN PRODUCTS,** Dept. B, 5872 Amapola Dr., San Jose, CA 95129

COMPUTER SYSTEM*

INCLUDES 512 CHAR TERMINAL

INCLUDES 4K

$650.00

Shown is $870.00 model (assembled).

KIT INCLUDES

8-BIT PARALLEL COMPUTER based on MOTOROLA 6800 MICROPROCESSOR. With 4K WORDS of read/write memory, (expandable to 64K words). READ ONLY MEMORY containing mini-assembler, expanded instruction set, symbolic debuging aid, CRT driver and remote or cassette program loader/dumper. Kit also includes TV TERMINAL module which generates 16 lines of 32 characters (512 characters total) on a television (does not include TV). 53 KEY KEYBOARD capable of generating whole 7-bit ASCII character set. Also includes 8-BITS OF DIGITAL I/O, ATTRACTIVE KEYBOARD CHASSIS capable of housing keyboard and other modules, and POWER SUPPLY. We supply all parts, PC boards, manuals and membership in SWAP (Sphere user group). $100.00 EXTRA adds standard ASYNCRONOUS I/O (EIA, current loop, TTL), standard FSK MODEM and AUDIO CASSETTE INTERFACE. Other systems and modules such as memory (expandable to 64K) are available as kits or assembled.

Warrantee and maintenance plans, hardware, software, and peripherals (floppys, paper tape, etc.) specs and prices will be sent upon request. For fastest reply send double postage stamped, self-addressed legal envelope to SPHERE - 96 EAST 500 SOUTH, BOUNTIFUL, UTAH 84010.

Bank Americard and MasterCharge accepted.

*** A computer isn't a system without peripherals and software.**

Circle 90 on reader service card

F.C.C. EXAM MANU

PASS FCC EXAMS! Memorize, study— Answers for FCC 1st and 2nd class telephone licenses. Newly revised mul choice questions and diagrams cover areas tested in FCC exams, plus Self-Stu Ability Test. $9.95 postpaid. Money back guarantee.

COMMAND PRODUCTIONS RADIO ENGINEERING DIV

DIGITAL clock calende sistors, resistors, diode er, PC boards, .33" dis $25.95. **Giant Clock d** (75 selected red LED's **Super value—clock cal play.** $45.95. All comp quality. Enclose 10% **SIL-TECH,** 3630 Sou Tempe, AZ 85282

ELECTRONIC musical 10 note melody: Plans **game.** Plays through terminals: Plans $3.25. 1922G, Sunnyvale, CA 9

FOR S

MANUALS for Gov't. sets, scopes, List 50c Roanne Drive, Washing

FREE flexible magnetic or 10 bar, or 2 stick, or $1.00. Any 5 sets, $4. 192-FF, Randallstown, M

RECONDITIONED test catalog. **WALTER,** 2697 CA 94806

MOVING?

Don't miss a single copy of **Radio-Electronics.** Give us:

Six weeks' notice

Your old address and zip code

Your new address and zip code

name (please pr

address

city state

Mail to: Radio-E SUBSCRIPTION DEPT., 80302

RADIO-ELECTRONICS 88

⬆『ラジオエレクトロニクス』1975年6月号に掲載されたSphereの広告

通信販売の広告を掲載した雑誌には不安や不満を述べる手紙が数多く寄せられました。『ラジオエレクトロニクス』と『ポピュラーエレクトロニクス』は広告主に気兼ねがあって、そうした状況をいっさい表沙汰にしませんでした。『バイト』は1975年に創刊された比較的新しい雑誌で、広告主とのしがらみが薄く、忌憚のない記事を組むことができました。

『バイト』が深刻に捉えたのは「私が小切手を送った会社は本当に存在するのでしょうか?」という問い合わせでした。広告掲載料を受け取っているので存在するのは確かですが、読者の心配は理解できました。そこで、とりわけ遅れがひどいスフィアコーポレーションとMITSを取材し、1975年10月号に「彼らは実在するのか?」と題した記事を掲載しました。

スフィアコーポレーションは取材の時点でちょうどSphereの設計を終えていて、バラック状態の試作機が記者の目の前で動作しました。まだ出荷できる見込みが立っていないことは問題でしたが、記事はそこまで踏み込みませんでした。読者は、少なくとも同社が実在し、気長に待てばSphereが手に入ると知り、それなら耐えようと覚悟を決めました。

↑Sphereの試作機が動作した様子（『バイト』1975年10月号より転載）

MITSの取材はAltairの発売から9箇月後、Altair680を発売する直前だったので、見られて困る状況は解消していました。Altairはフル操業で出荷されており、それでも遅れるのは人気の証でした。エド・ロバーツは過去の所業をなかったことにして誠実な経営者を演じ、ついでに、「もうすぐAltair680を発売するんだ」と囁いて記者に特ダネを授けました。

スフィアコーポレーションはMITSの手口を真似て創業したものの、マイケル・ワイズはエド・ロバーツほど図太い神経を持ち合わせていませんでした。設計の段階では商品が存在しない会社で催促の電話に怯え、完成してからも従業員を雇用する決断ができず、人手不足で出荷の不手際が目立ちました。たとえば、EPROMの書き忘れは日常茶飯事でした。

マイケル・ワイズはやがて体調を崩し、結局、2年でスフィアコーポレーションをたたみました。この間に1300台のSphereが出荷されており、売れ行きは、そう悪くありません。Sphereそのものは同世代のコンピュータから頭ひとつ抜け出した内容なので、彼がもう少しうまく商売をやっていれば、コンピュータの歴史が違うものになったことでしょう。

⊕ マニアに寄り添う誠実な通販会社SWTPC

MITSのAltair680が表紙を飾った『ポピュラーエレクトロニクス』の1975年11月号には、あとふたつ、6800を採用したコンピュータの広告が掲載されています。ひとつはSphereで、もうひとつがSWTPC（サウスウェストテクニカルプロダクツコーポレーション）のSWTPC6800です。SWTPC6800は、注文があればすぐ出荷できる状態で発売されました。

SWTPCは電子工作のキットを通信販売する会社です。従業員40名、年間売り上げ100万ドルで、MITSがAltairを当てるまで、業界の最大手でした。社長のダン・メイヤーは、電子工作の雑誌に製作記事を投稿し、たびたび評判をとった根っからのマニアです。SWTPCは、もともと、彼の製作記事のためにプリント基板を販売する目的で設立されました。

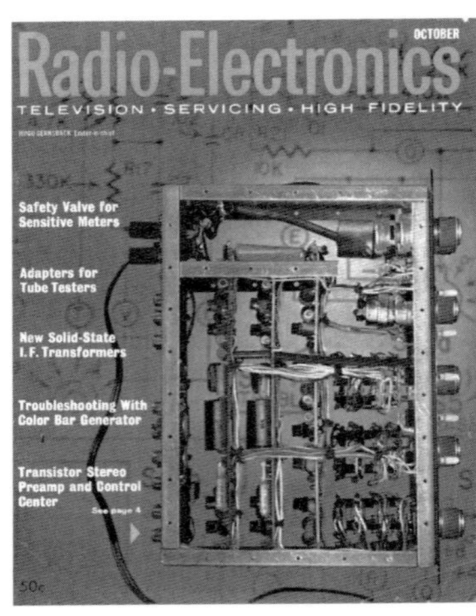

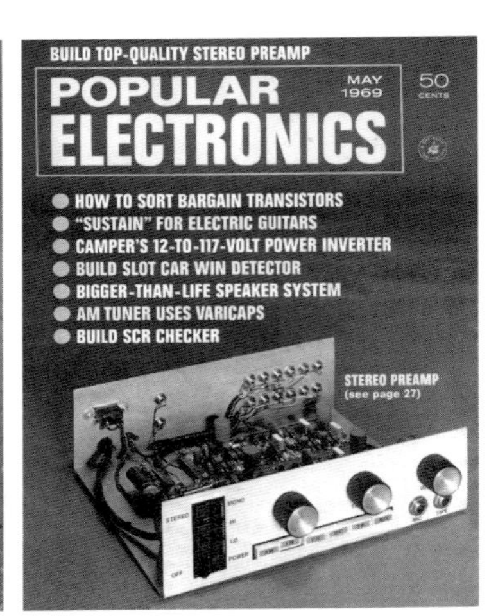

↑ダン・メイヤーの製作記事を表紙連動で掲載した雑誌の例

ダン・メイヤーはアナログを得意とし、中でもアンプの製作記事がよく表紙連動で雑誌に掲載されました。その例は、『ラジオエレクトロニクス』の1962年10月号、『ポピュラーエレクトロニクス』の1969年5月号などに見られます。彼の製作記事にはSWTPCが販売するプリント基板の告知が入ったので、同社は当初、広告を出さなくても商品が売れました。

読者の関心がデジタルに移るとダン・メイヤーの出番は徐々に減りました。SWTPCは、彼の製作記事にこだわらず人気の高い書き手と契約してキットの販売を始めました。同時に、まだ彼のプリント基板しか取り扱っていないと思っている読者に向けてカタログを作り、広告を出しました。こうして、SWTPCはごく一般的な通信販売の会社になりました。

品揃えを広げた契機は『ラジオエレクトロニクス』の1973年9月号に掲載された、ドン・ランカスターのテレビタイプライタでした。彼の設計はプリント基板を5枚も必要とした上、入手困難な旧式のICを使っていました。再現性に不安を抱いた編集部はSWTPCに相談し、同社がキットを組みました。製作記事の末尾にはキットの紹介が差し込まれました。

10001, and so on.
8 are handled the
haracter generator
is told to and the
around for each
ighth line we have
need for a line of
haracters. The cir-
e next four scan
a space between

ew line "1"), our
y is once again
line register is si-
is fills up the line
of 32 characters.
ats for each of the
s that we want to

ng runs in bursts
hus, the line regis-
d waits 16 for re-
memory does the
every twelfth line
refully established
ke care of settling
line register, char-
final video gener-
e output register
l outputs of the
serial, high speed

IS

d that we were us-
with the page-A
ks to the memory
can connect any-
cter generator, in-
nory, the page-B
we want to hang

simply disable the
able the page-B
andy thing about
o complex switch-
r is enabled gets
r generator; other
here. The only re-
o enable only one
We can also use
tionally to output
uter, a cassette

able add-ons we
end one character
e keyboard, or we
t a time from the
er and more com-
ges that you can
and don't tie up
uipment. **R-E**

(5 way)
L1—Coil made from 4" of No. 14 solid wire
Q1—2N918 transistor in metal can, **do not substitute!**
R1, R2—47 ohms, ½-W
R3—22 ohms, ¼-W
R4, R9, R10—2200 ohms, ¼-W
R7—4700 ohms, ¼-W
R8—470 ohms, ¼-W
S1, S2, S3, S4, S7, S8—dpdt rocker switch
S5 to S6—dpdt rocker switch, momentary spring return
SO1 to SO6—connector, Molex 09-52-3103
SO7—TV lead-in connector
T1—Power transformer, dual 12-V center tapped secondaries, 1.5-A. Signal 24-1A or equal
MISC:—PC Board, 8¾ x 6¾; mounting brackets and hardware (6); switch mounting hardware (8 sets); line cord and cable clamp; hardware for T1; vertical heat sink for IC1; No. 24 jumper wire; sleeving; No. 14 wire for L1; fuse clips and hardware, 300-ohm twin-lead, 18"; PC terminals, optional-2; solder.

MEMORY BOARD

Note: Each system needs one "Memory A" board. Memory "B" boards are optional. These parts are needed for *either* a Page A or a Page B memory:
C1, C3, C5, C7—100-μF 15-V electrolytic
C2, C4, C6, C8, C9, C10, C11—0.1-μF disc ceramic
D1, D4, D5, D6—1N914 or equal
D2, D3, D7—1R4001 or equal
IC1 to IC 6—2524 MOS 512-bit recirculating shift register (Signetics)
IC7—7406 hex driver, TTL
P1 to P60—Connector pins to fit Molex 09-52-3103 connectors
Q1, Q2—2N5139
All resistors ¼-W carbon
R1 to R6, R25—2200 ohms
R7, R8, R15—2.7 ohms
R9, R23—10,000 ohms
R10, R12—22 ohms
R11, R13—4700 ohms
R14, R18, R19, R20—150 ohms
R16, R17—100 ohms
R21, R22—1000 ohms
R24—330 ohms
R26—470 ohms
These parts are needed ONLY for a page A memory:
C12—680-pF mica
C13—100-pF mica

solder.

TIMING BOARD

C1 to C4—01-μF 10-V disc ceramic
C5, C6—160-pF mica
C7—0.001-μF disc ceramic
C8—100-μF 6-V electrolytic
C9—33-μF 6-V electrolytic
IC1—MC4024 dual astable (Motorola)
IC2, IC3,IC5—8288 divide by 12 (Signetics)
IC4—7473 dual JK, TTL
IC6—8288
IC7, IC8—7432 quad OR gate, TTL
IC9, IC12—7402 quad NOR gate, TTL
IC10, IC11—7410
P1 to P60—Pins to fit Molex 09-52-3103 connector
R1—330 ohms ¼-W
R2, R3—220 ohms, ¼-W
R4—2200 ohms, ¼-W
SO1 to SO6—Molex 09-52-3103 socket
XTAL 1—4561, 920-kHz series-resonant crystal
MISC: PC Board, 4½" x 6½"; #24 solid wire jumpers; Sleeving; PC Terminals (optional-21); solder.

CURSOR

C1—1200-pF mica
C2—4300-pF mica
C3—620-pF mica
C4—6200-pF mica
C5—1000-pF mica
C6 to C9, C12 to C15—0.1-μF disc ceramic
C10—100-μF 6-V electrolytic
C11, 16—10-μF 6-V electrolytic
IC1—7408 quad AND gate, TTL
IC2, IC4—74197 or 74177 or 8281 or 8291 divide by 16 TTL
IC3—7473 dual JK TTL
IC5, IC6—7402 quad NOR gate TTL
IC7—7474 dual D flip-flop, TTL
IC8—7400 quad NAND gate, TTL
IC9—555 timer, Signetics
P1 to P60—pins to fit Molex 09-52-3103 connector
Q1—2N5129
R1, R5, R8, R13, R16, R21—1000 ohms, ¼-W
R2, R3, R4, R6, R7, R9, R11, R14, R17, R18, R22—2200 ohms, ¼-W
R10, R19—330 ohms, ¼-W
R12—100 ohms, ¼-W
R15—100,000 ohms, ¼-W
R20—150 ohms, ¼-W
SO1 to SO6—Molex 09-52-3103 connector
MISC: PC Board, 4½" x 6½"; No 24 wire jumpers; sleeving; PC terminals (optional-8); solder.

The following items are avilable from Southwest Technical Products, 219 West Rhapsody, San Antonio, Texas, 78216.

All circuit boards are etched and drilled

Mainframe board:	**No. TVT-1, $9.75**
Timing board:	**No. TVT-2, $5.75**
Cursor board:	**No. TVT-3, $5.75**
Page A or B board	**No. TVT-4, $5.75**
High-quality keyboard, custom remanufactured for TV typewriter use (less-encoder)	**No. TVT-5, $18.75**

A complete or nearly complete kit of parts will also be offered, but pricing depends on semiconductor availability at time of publication. Write for a complete list of available parts and prices for assembled units.

NICS ● SEPTEMBER 1973

⬆テレビタイプライタの製作記事に差し込まれたSWTPCの紹介

BUILD THIS

This new TV Typewriter is primarily designed around TTL logic and provides the builder with many plug-on option boards. The options include a manually operated cursor control, computer operated board and much more

by ED COLLE

TV TYPEWRITER II

AFTER SEEING THE OVERWHELMING response shown for the TV typewriter story featured in the September 1973 issue of **Radio-Electronics** magazine, it is obvious that there are many readers interested in these units. As described in the previous article, there are many uses for a display such as this with the possibilities limited only by the imagination of the user.

One of the biggest applications of these units, however, is for data communications with computers. Combined with a keyboard, we have one of the fastest and most efficient means for an individual to communicate with a machine. An excellent example is the Mark-8 minicomputer shown on the front cover of the July 1974 issue of **Radio-Electronics** magazine. You can be sure that more powerful and more economical units will follow. Then of course, if you don't have or don't want your own machine, you can always tie into a full size time-shared system, assuming you have access to one.

If you tried to build the terminal in the September 1973 issue, you probably discovered as many did that although the printed circuit boards were commercially available, some of the semiconductor chips were rather difficult to get. For this reason, this terminal has been built using 74 series TTL IC's that are common, easy to get, and inexpensive. The only MOS chips used are 2102 RAM's (Random Access Memories) and a 2513 character generator. And just to make things really easy, the unit is available as a complete kit including circuit boards, IC's, discrete components, interconnectors and optional power supply. A cabinet, however, is not being made available at this time. Since in most cases you will want to use the TV typewriter in combination with a keyboard of some kind to enter messages, the supplier of the TV typewriter is making available a low-cost compatible keyboard/encoder too.

To make the unit as flexible as possible, extra effort has gone into designing plug-on options including a manually operated cursor control board, a computer operated plug-on board, screen read board and a URT communications board.

(text continues on page 30)
(complete schematic on pages 28 & 29)

FEBRUARY 1975 27

⬆『ラジオエレクトロニクス』1975年2月号の製作記事、2代めテレビタイプライタ

テレビタイプライタはよく売れましたが、1年後、旧式のICがとうとう入手不可能になって消滅しました。そこで、SWTPCは失業中だった技術者、エド・コーレに依頼して2代めテレビタイプライタを設計してもらいました。彼は入手困難なICを避けてありふれたTTLとメモリを使い、また部品の間隔を空けて組み立てやすいプリント基板を作りました。

エド・コーレの2代めテレビタイプライタは『ラジオエレクトロニクス』の1975年2月号から3号に渡って連載されました。再現性の不安は解消されており、編集部はプリント基板だけを供給するつもりでした。これに対し、SWTPCは引き続き製作記事の末尾でキットを紹介してほしいと希望し、かわりに1ページの広告を入れることで話をつけました。

テレビタイプライタは家庭用のテレビに32桁×16行の文字を表示します。初代が発表されたころ、個人で買えるコンピュータはなかったので端末の機能も必要がなく、できることはそれだけでした。2代めは、ちょうどAltairの発売と重なりました。エド・コーレは、そうなることを知りませんでしたが、端末として使えるように設計してありました。

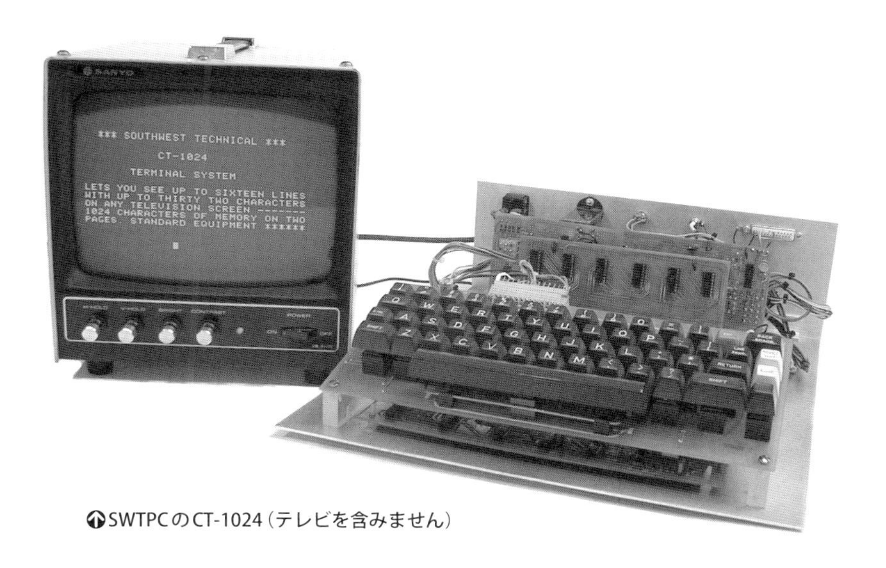

⬆SWTPCのCT-1024（テレビを含みません）

CT-1024 TERMINAL SYSTEM

When we designed the CT-1024 we knew that there were many applications for an inexpensive TV display terminal system. Even so, we have been surprised at the many additional uses that have been suggested by our customer in the last four months since we introduced this kit.

The basic kit, consisting of the character generator, sync and timing circuits, cursor and 1024 byte memory gives you everything you need to put a sixteen line message on the screen of any TV monitor, or standard set with a video input jack added to it. Input information to the CT-1024 may be any ASCII coded source having TTL logic levels. Two pages of memory for a total of up to one thousand and twenty four characters may be stored at a time. The CT-1024 automatically switches from page one to page two and back when you reach the bottom of the screen. A manual page selector switch is also provided. The main board is 9½ x 12 inches. It has space provided to allow up to four accessory circuits to be plugged in. If you want a display for advertising, a teaching aid, or a communication system then our basic kit and a suitable power supply is all you will need.

CT-1 TERMINAL SYSTEM with MEMORY KIT..........................$175.00 ppd

Power supply kit to provide + 5 Volts @ 2.0 Amps and - 5 Volts, -12 Volts @ 100 Ma. required by the CT-1 basic display system.

CT-P POWER SUPPLY KIT........$15.50 ppd

A very nice convenience feature at a very reasonable cost is our manual cursor control plug-in circuit. The basic kit allows you to erase a frame and to bring the cursor to the upper left corner (home up). By adding this plug-in, you can get Up, Down, Left, Right, Erase to End of Line and Erase to End of Frame functions. These may be operated by pushbutton switches, or uncommitted keyswitches on your keyboard. Although not essential to terminal operation, these features can be very helpful in some applications.

CT-M MANUAL CURSOR CONTROL KIT..$11.50 ppd

If you plan to use your terminal with a telephone line modem, or any other system that requries a serial data output; you will need our serial interface (UART) plug-in circuit. This circuit converts the ASCII code from a parallel to a serial form and adds "Start" and "Stop" bits to each character. The standard transmission rate for this circuit is 110 Baud, but optional rates of 150, 300, 600 and 1200 Baud may be obtained by adding additional parts to the board. The output of this circuit is an RS-232 type interface and may be used to drive any type modem, or coupler system using this standard interface.

CT-S SERIAL INTERFACE (UART) KIT..$39.95 ppd

If you are using the CT-1024 as an I0 (input - output) device on your own computer system, you will probably want to connect it to the computer with a parallel interface system. A direct parallel interface allows for much faster data transmission and reception and is basically a simpler device than a serial interface system. Our parallel interface circuit contains the necessary tristate buffers to drive either a separate transmitt and receive bus system, or a bidirectional data bus system. TTL logic levels are standard on this interface. Switch selection of either full, or half duplex operation is provided. The terminal may write directly to the screen, or the computer may "echo" the message and write to the screen.

CT-L PARALLEL INTERFACE KIT..$22.95 ppd

We would be happy to send you a complete data package describing the CT-1024 and a achematic. If you want this additional information, circle our number shown below on your reader information service card. The CT-1024 kit has complete assembly instructions with parts location diagrams and step-by-step wiring instructions. If you would like to check the instruction manual before you purchase the kit, please return the coupon with $1.00 and we will rush you the manual and the additional data mentioned above.

MAIL THIS COUPON TODAY

☐ Enclosed is $________________ ☐ or Master Charge #________________

☐ or BankAmericard #________________ Card Expiration Date________________

☐ CT-1024 Kit ☐ CT-M Cursor Control Kit

☐ CT-S Serial Interface Kit ☐ CT-L Parallel Interface Kit

NAME____

ADDRESS____

CITY________________________STATE__________ZIP__________

☐ $1.00 Enclosed send manual and data package

Southwest Technical Products Corp., Box 32040, San Antonio, Texas 78284

↑SWTPCが1975年2月に出稿したCT-1024の広告

SWTPCは2代めテレビタイプライタを端末と位置づけ、CT-1024の商品名で『ラジオエレクトロニクス』以外の雑誌にも広告を出しました。販売形態はキットのみで、シリアル接続用の一式が275ドルです。標準的な端末、テレタイプライタは1500ドル（MITSの広告の価格）、ビデオ端末だとその倍ほどしましたから、CT-1024は現実的な選択肢となりました。

エド・コーレがSWTPCと交わしたCT-1024の契約は、1キットあたり5ドルの印税でした。彼はCT-1024の発売後も顧客対応（組み立てに失敗した人の手助け）を1件あたり25ドルで請け負ってSWTPCとの関係を続けました。SWTPCがSWTPC6800を発売してからは、フロッピーディスクの設計などを引き受けて商品開発の頼もしい戦力となりました。

⊕6800をマニュアルどおりに使ったSWTPC6800

SWTPCの社長、ダン・メイヤーは、アンプの製作記事でモトローラのトランジスタを重用して以来、同社の営業部門と親しい関係にありました。モトローラにとってSWTPCは小口の顧客ですが、営業部門はダン・メイヤーの影響力を重視し、さまざまな製品を売り込みました。6800を発売した直後は、とりわけ熱心に、製作物へ応用することを勧めました。

ダン・メイヤーはアナログを得意とし、デジタルに不案内でしたが、マイクロプロセッサの性格は理解したようです。それがどこでどう飛躍したのか、ついにはキャッシュレジスタを作りたいといいだしてSWTPCの技術者たちを困らせました。実際、彼はキャッシュレジスタを商品化するのですが、それは本書がテーマとする期間を過ぎてからの話です。

SWTPCの技術者、ゲイリー・ケイはダン・メイヤーからモトローラの設計評価キット、MEK6800D1を渡され、これでキャッシュレジスタを作れといわれました。MEK6800D1には700ページの『アプリケーションマニュアル』が付属し、確かにキャッシュレジスタが作れる情報がありました。しかし、現実の開発工程は会社の体力が問われる大仕事でした。

SWTPC 6800

The Computer System You Have Been Waiting For

A BENCHMARK SYSTEM—Using the MOTOROLA M6800 benchmark microprocessor family.

Southwest Technical Products is proud to introduce the M6800 computer system. This system is based upon the Motorola MC6800 microprocessor unit (MPU) and it's matching family of support devices. The 6800 system was chosen for our computer because this set of parts is currently in our opinion the "Benchmark Family" for microprocessor systems. It makes it possible for us to provide you with a computer system having outstanding versitility and ease of use.

In addition to the outstanding hardware system, the Motorola 6800 has without question the most complete set of documentation yet made available for a microprocessor system. The 714 page Applications Manual for example contains material on programming techniques, system organization, input/output techniques, and more. Also available is the Programmers Manual which details the various types of software available for the system and provides instructions for the programming and use of the unique interface system that is part of the 6800 design. The M6800 system minimizes the number of required components and support parts, provides extremely simple interfacing to external devices and has outstanding documentation.

Our kit combines the MC6800 processor with the MIKBUG® read-only memory (ROM). This ROM contains the program necessary to automatically place not only a loader, but also a mini-operating system into the computers memory. This makes the computer very convenient to use because it is ready for you to enter data from the terminal keyboard the minute power is turned "ON". Our kit also provides a serial control interface to connect a terminal to the system. This is not an extra cost option as in some inexpensive computers. The system is controlled from any ASCII coded terminal that you may wish to use. Our CT-1024 video terminal is a good choice. The control interface will also work with any 20 Ma. Teletype using ASCII code, such as the ASR-33, or KSR-33. The main memory in our basic kit consists of 2,048 words (BYTES) of static memory. This eliminates the need for refresh interrupts and allows the system to operate at full speed at all times. Our basic kit is supplied with processor system, which includes the MIKBUG ROM, a 128 word static scratch pad RAM, and clock oscillator bit rate divider; main memory board with 2,048 words, a serial control interface, power supply, cabinet with cover and complete assembly and operation instructions which include test programs and the Motorola Programmers Manual.

If you have a Motorola 6800 chip set, we will sell you boards, or any major part of this system as a separate item. If you would like a full description and our price list, circle the reader service number or send the coupon today. Prices for a complete basic kit begin at only $450.00.

MAIL THIS COUPON TODAY

☐ Enclosed is $450.00 ☐ or Master C. # ______ Bank # ______

☐ or BAC # ______ Ex Date ______

For My SWTPC Computer Kit ☐ ☐ Send data package

NAME ______

ADDRESS ______

CITY ______ STATE ______ ZIP ______

Southwest Technical Products Corp., Box 32040, San Antonio, Texas 78284

⬆SWTPCが1975年10月に出稿したSWTPC6800の広告

MEK6800D1をもとに汎用のコンピュータを作るのなら簡単でした。設計案内に回路図が示され、ROMにモニタがあって、あとはプリント基板を起こし、電源とケースをあつらえたら終わりです。ゲイリー・ケイにしてみれば、それはいつもの仕事でした。彼はダン・メイヤーを説得して目標を汎用のコンピュータに切り替え、SWTPC6800を完成させました。

SWTPCは1975年10月発売の雑誌（11月号）にSWTPC6800の広告を出し、ただちに出荷を開始しました。SphereやAltair680は広告が出てから出荷まで間が空いたので、SWTPC6800が、6800を採用した最初のコンピュータとなりました。SWTPC6800は、同類のコンピュータで唯一、この年のクリスマスプレゼントに間に合い、当面の需要を独占しました。

SWTPC6800の販売形態はキットのみで、価格は商品の構成によって幅があります。初期の広告は、カレントループボード（テレタイプライタのインタフェース）と詳細なマニュアルを付けて450ドルの例を紹介しました。少しあとの広告はシリアルボードと簡単なマニュアルを付けて395ドルの例を紹介しており、これが実質的な標準構成となりました。

MENTATION—

e most extensive and complete set of data available for any
or system is supplied with our 6800 computer. This includes
a programming manual, our own very complete assembly in-
lus a notebook full of information that we have compiled on
ardware and programming. This includes diagnostic programs,
ams and even a Tic Tac Toe listing.

Mikbug® is a registered trademark of Motorola Inc.

Computer System
with serial interface and 2,048 words of memory. $395.00

☐ Enclosed is $395 for my SwTPC Computer Kit ☐ Send Data
☐ or BAC ________ # ________
☐ or MC ________ Ex Date ________

NAME

ADDRESS

CITY STATE ZIP

Southwest Technical Products Corp., Box 32040, San Antonio, Texas 78284

6800 COMPUTER SYSTEM

SWTPCが1976年2月に出稿したSWTPC6800の広告の価格表示

SWTPC6800の内部には50端子の標準バス、SS-50と、アドレス信号などを簡略化した30端子のバス、SS-30があります。標準構成だと、SS-50にシステムボードとメモリボード、SS-30にシリアルボードが挿さります。どちらのバスにもざっくりと整流しただけの8Vと±12Vが流れています。各ボードはバスから電源をとり、個別に必要な電圧を作ります。

システムボードは、6800と6810（SRAM）と6830（ROM）でコンピュータの骨格を形成します。回路の構造は、6830が持つモニタ、Mikbugの働きに合わせ、実質、モトローラのいいなりに作られています。機能は割り込みやDMAに対応したフルフィーチャーですが、クロックを通信用と兼用にした関係で、速度はフルスピードを少し下回る850kHzです。

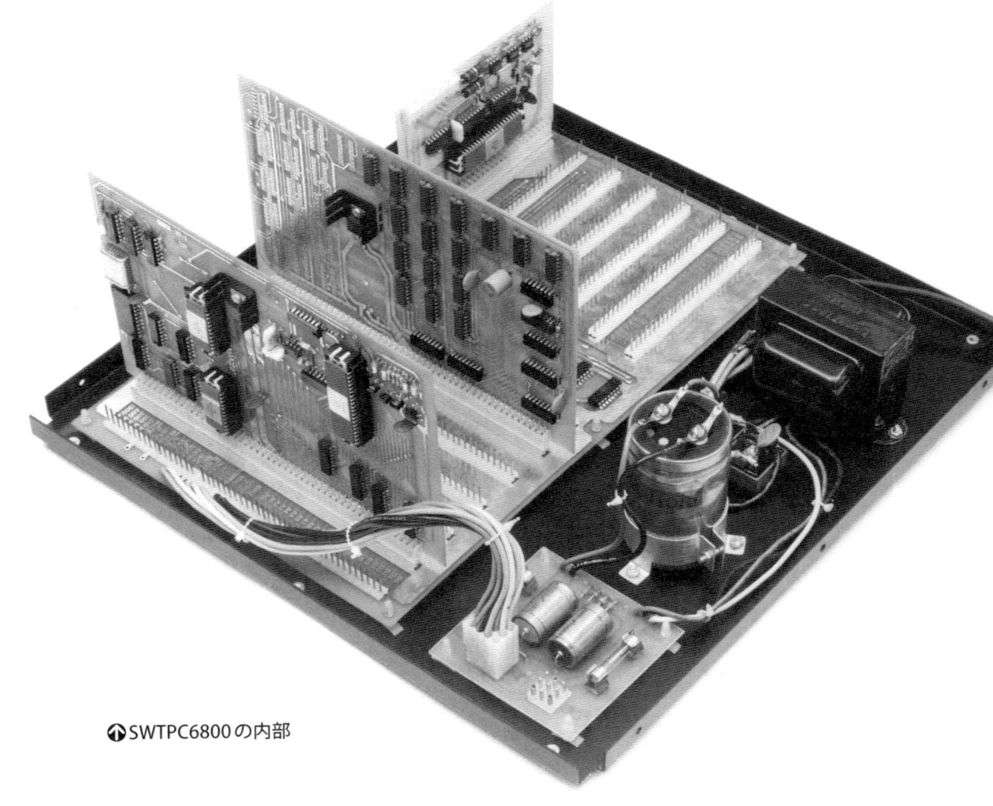

⬆SWTPC6800の内部

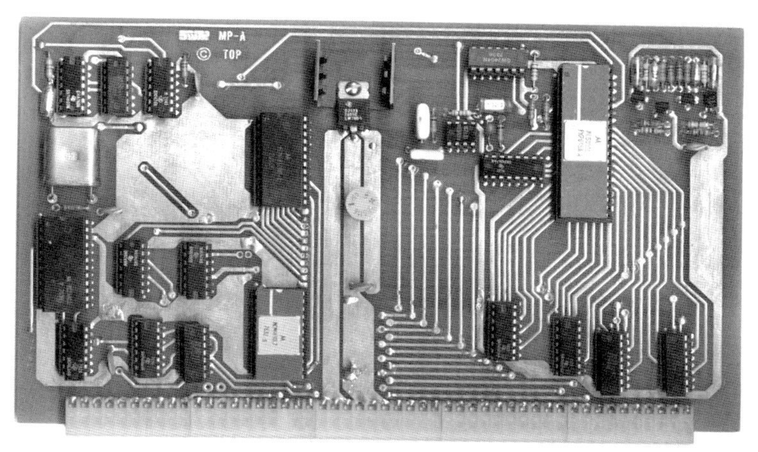

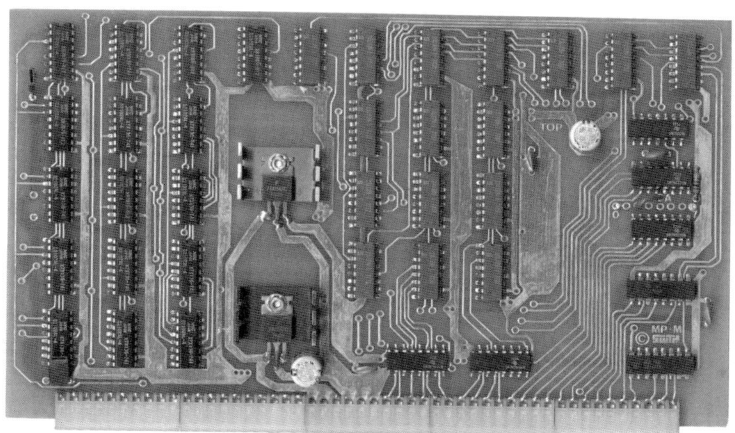

⬆システムボード（上）と4Kバイトに拡張したメモリボード（下）

メモリボードはプログラムを読み込んで動かす領域に使われます。プリント基板は最大4Kバイトのメモリを取り付けることができて、そのうちの2Kバイトが付属し、もう2Kバイトは別売りです。メモリは1ビット×1KのSRAM、2102です。2102はインテルが開発しましたが、6800のバスと整合がとれていて、8080にはつながりにくい変わりダネです。

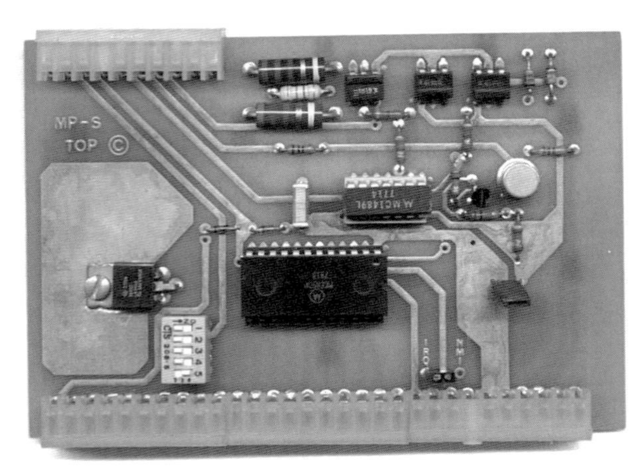

🅟シリアルボード（上）とカレントループボード（下）

SWTPC6800は、フロントパネルにスイッチやLEDがなくて単独では動かせず、端末が必須です。CT-1024などの比較的新しい端末はシリアルボードを介して接続します。シリアルボードには6850が乗っています。テレタイプライタなどの古典的な端末はカレントループボードを介して接続します。カレントループボードには6820が乗っています。

🅿標準バス（SS-50）のコネクタ

SWTPC6800のボード類は、錫メッキのコネクタ（モレックス）でバスに立てます。安直さでは人後に落ちないMITSでさえ、ボード類はガイドで支えて金メッキのカードエッジでバスに挿す構造となっています。おかげで、SWTPC6800はコネクタが破損しがちでした。その点を除いて、SWTPC6800は、当時、6800を採用した最高のコンピュータでした。

⊕ 箱形のコンピュータからパソコンへの展開

初期の個人向けコンピュータは、もともと、電子工作のキットを通信販売する会社が、降って湧いた「曲がりなりにもCPU」を使い、いわば面白半分に作りました。取り立てて設計思想といえるようなものはなかったので、基本的なスタイルを伝統的なコンピュータにならい、箱形のケースに入り、端末で操作し、プログラムをRAMに読み込んで実行します。

当初は伝統的なコンピュータに憧れを抱くマニアが多数いて、それにならったスタイルがむしろ歓迎されました。やがて、使い慣れたユーザーの間でもう少し便利にならないかという気持ちが芽生えました。MITSやSWTPCは改善に取り組みましたが、ほどほどに売れていたので、真剣さを欠きました。そのスタイルは、別の会社によって一新されます。

マイクロプロセッサの登場から2年ほどたつと、コンピュータを自作するマニアが現れました。彼らは経済的な理由で箱形のケースを省略しました。マイクロプロセッサは安く売っているものを買いました。1975年8月、モステクノロジーが飛び切り安いマイクロプロセッサ、6502を発売しました。それは、6800が175ドルのとき、25ドルで販売されました。

6502を開発したのはモトローラから転職したチャック・ペドルほか数人の技術者たちです。6502の構造は、概略、6800から必ずしも重要でない機能を削り、命令を単純化して、速度を上げたような感じです。使い勝手がいいとはいえませんが、マニアが自作するコンピュータには打って付けでした。これが、面白半分のコンピュータをもっと面白くしました。

筋金入りのマニア、スティーブ・ウォズニアクは、6502で動いてディスプレイとキーボードが直接つながるコンピュータを1枚のプリント基板にまとめてみせました。それは完成する前から有名で、彼のもとにはさまざまな提案や要望が寄せられました。彼は、応援してくれた仲間たちに感謝の気持ちを込めて、プリント基板を実費で譲るつもりでした。

Photo by cpu-collection.de

↑モステクノロジーの6502

⬆パワーハウス博物館に展示されているApple I　Wikipediaより転載

彼の友人、スティーブ・ジョブズは、そのプリント基板を一般向けに販売しようと持ち掛けました。なかば強引に同意を取り付けて、近所に開店した個人向けコンピュータ販売店、バイトショップへ売り込みました。バイトショップの店長、ポール・テレルは、プリント基板だと自作派のマニアにしか売れないから、組み立てて売るほうがいいと助言しました。

ふたりはクルマや電卓など身のまわりにある金目のものを売って部品を買い、カラになった車庫でプリント基板を組み立てました。それから、名目上の会社、アップルを設立し、コンピュータをApple Iと名付けました。Apple Iは、1976年7月に666.66ドルで発売され、バイトショップを中心に200台が売れました。ささやかな台数ですが、これで完売でした。

Apple Iはふたつの観点から個人向けコンピュータの発展に貢献しました。第1に、ディスプレイとキーボードが直接つながる限り、端末がつながらなくても実用上の問題がないことをハッキリさせました。第2に、Apple Iを買った人たちが思い思いのケースを自作した結果、箱形にこだわらず、より使い勝手のいいスタイルを模索する機運が生まれました。

⮉6502を採用したPET 2001（上）とApple II（下）

Photograph by Rama

1977年1月、コモドールが6502で動くPET 2001(795ドル)を発売しました。同社はモステクノロジーの親会社にあたり、同機はチャック・ペドルが設計しました。本体とキーボードとカセットテープとディスプレイが一体になり、電源を入れるとすぐROMのBASICが起動します。個人で買えて簡単に使えるため、これが世界で最初のパソコンとされます。

1977年4月、アップルが6502で動くApple II (1298ドル)を発売しました。本体とキーボードが一体になり、電源を入れたあと[CTRL]+[B]キーでROMのBASICが起動します。ディスプレイなどの周辺機器は外付けで別売りですが、予算に応じた選択と状況に応じたレイアウトができることから、こちらがパソコンの標準的なスタイルとなりました。

⊕ ザイログZ80の登場とSWTPCのその後

1976年7月、ザイログが8080上位互換のマイクロプロセッサ、Z80を発売しました。ザイログはインテルを退職したフェデリコ・ファジンが創業しました。Z80を開発したのは、彼と行動をともにした嶋正利です。Z80は、8080のプログラムを実行できるほか、DRAMをつなぎやすいなど独自の機能を備え、1977年以降のパソコンに広く採用されました。

ザイログのZ80

⬆Z80を採用したTRS-80（カタログより転載）

1977年12月、タンディがZ80で動くTRS-80（599ドル）を発売しました。本体とキーボードが一体になり、電源を入れるとすぐROMのBASICが起動する、典型的なパソコンです。ディスプレイとカセットテープは外付けですが付属します。タンディは傘下にあった電器店のチェーン、ラジオシャックでTRS-80を取り扱い、販売台数でトップを獲りました。

MITSはこうした時代の流れに乗れず、とりわけ主力のAltairがZ80のパソコンに押されて不振を極めた結果、1978年、とうとう廃業に追い込まれました。マイクロソフトは、うまくやりました。同社はMITSとコモドールとタンディにBASICを供給しました。したがって、アップル以外のどこが売れても、同じ収益が上がる仕組みになっていました。

SWTPCは、やはり時代の流れに取り残されましたが、SWTPC6800は売れ行きを維持することができました。6502が注目されすぎて、6800を採用した競争相手はあまり現れませんでした。その上、MITSが廃業して箱形の需要を一手に引き受ける形になりました。SWTPC6800は、6809が登場して6800が時代遅れになるまで、ずっと現役の製品でした。

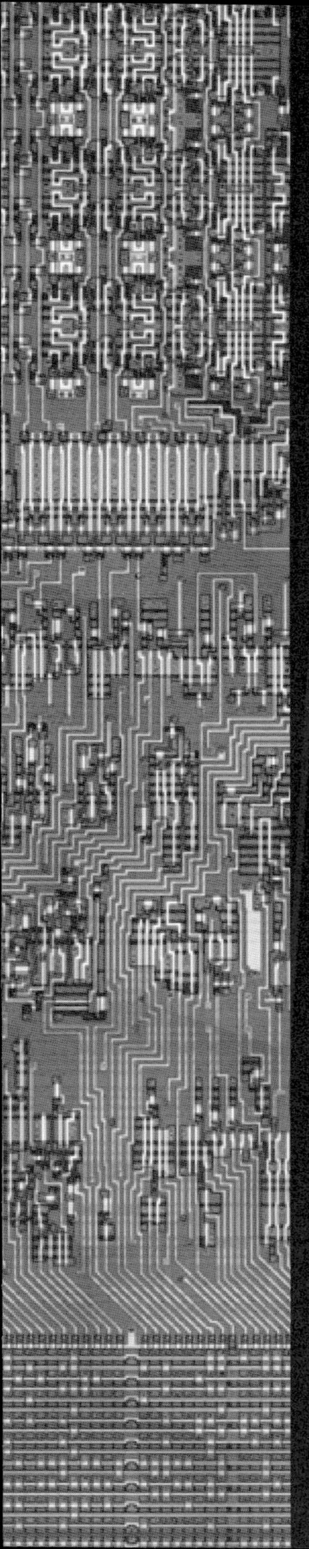

［第2章］

伝説の真実

1 6800の実態

［第2章］
伝説の真実

⊕ モトローラの英文マニュアルと日立製作所の日本語版

歴史に名を残したマイクロプロセッサはとかく情緒的に語られがちです。モトローラの6800は、よく美しい構造を持つと紹介されます。間違っていませんが、実態に迫るに連れ、そう簡単な話では済まなくなります。これから、信頼のおける資料に基づき、確かな事実を見据え、最後は実物を動かしてみて、実際、どう美しいかをみなさんに評価してもらいます。

モトローラの設計評価キット、MEK6800D1に付属するマニュアルの一式は、6800を動かすために必要なことを網羅した、最高の資料です。当時の技術者は、まだマイクロプロセッサの概念さえ定着していない状況で、これらだけを頼りにコンピュータを完成させました。現在のマニアが読めば、少なくとも設計までは、容易に済ませることができそうです。

MEK6800D1のマニュアルはネットを検索するとPDFに起こしたものが見付かります。実物を組み立ててみる上でとても参考になったのが、そのうちの『アプリケーションマニュアル』です。6800まわりの基本回路に始まり、周辺ICの役割とプログラムの書きかた、果てはDRAMやフロッピーディスクの取り扱いまで、具体的かつ丁寧に解説されています。

モトローラのマニュアルで唯一の問題は、すべてが英語で書かれていることです。回路図とプログラムと大半の専門用語は国境の壁を越えますが、込み入った説明は、解釈を間違える恐れがあります。日立製作所のマニュアルは英語版と日本語版があります。ネットで見付かるPDFは英語版なので、古書店を探し、日本語版の紙のマニュアルを入手しました。

⬆MEK6800D1に付属するマニュアル類

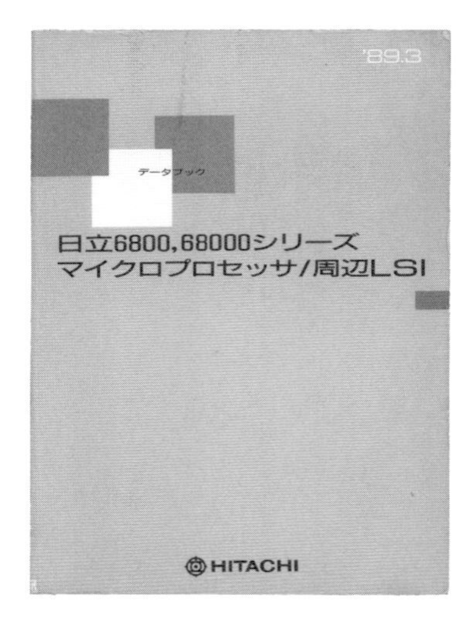

⬆日立製作所が発行した6800と関連製品のマニュアル

6800と6802と周辺ICは『マイクロプロセッサ/周辺LSIデータブック』が説明しています。6801と6803は『マイクロコンピュータデータブック』が説明しています。これらの発行日は1988年12月と1989年3月で、6809や68000が一緒に載っています。6800は、発売から約15年が経過し、2世代あとの製品が登場しても、まだ現役だったことがわかります。

⊕ コンピュータを支配するクロックジェネレータ

マイクロプロセッサの基本的な構造はあらゆる製品に共通であり、表面上、取り扱う信号が違っても、最終的には、これと決まった信号で動きます。ですから、筋金入りのマニアは知らない製品を手にしたとき、まずピン配置図を眺め、どの信号をどう遣り繰りすれば動くのか、見当を付けます。そんなマニアでも、6800のピン配置図には頭を抱えそうです。

HD6800, HD68A00, HD68B00 /HD46800D, HD468A00, HD468B00 MPU (Micro Processing Unit)

HD6800はHMCS6800ファミリの中央制御機構をつかさどるモノリシック8ビットマイクロプロセッサでHD68A00，HD68B00はその高速版です。

HMCS6800システムの他のLSI同様，このMPUは＋5V単一電源で動作し，すべての端子はTTLコンパチブルになっています。MPUは16本のアドレスラインを有し，65kバイトメモリ空間を直接アドレス可能で，8ビットデータバスはスリーステート機能を有する双方向性バス構成になっているため，ダイレクトメモリアクセスやマルチプロセッサの応用も可能になっています。

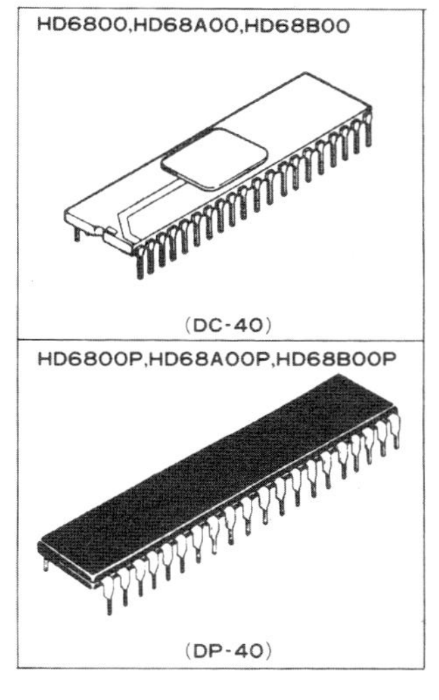

■特　長

- 豊富な72種類のインストラクション
  （命令は1～3バイト可変長）
- 7種類のアドレッシングモード
  （ダイレクト，リラティブ，イミディエイト，インデックスド，エクステンディッド，インプライド，アキュムレータ）
- 可変長のスタック
- （ベクタリングによる）自動リスタート
- マスク可能な割込みとノンマスカブル割込み
- 6種類の内部レジスタ
  （2個のアキュムレータ，インデックスレジスタ，プログラムカウンタ，スタックポインタ，コンディションコードレジスタ）
- ダイレクトメモリアクセス（DMA）とマルチプロセッサ構成が可能
- 最大2MHzのクロック周波数
  （HD6800; 1MHz，HD68A00; 1.5MHz，HD68B00; 2MHz）
- ホールトと単一命令実行が可能
- モトローラ社MC6800，MC68A00，MC68B00とコンパチブル

■ブロックダイアグラム

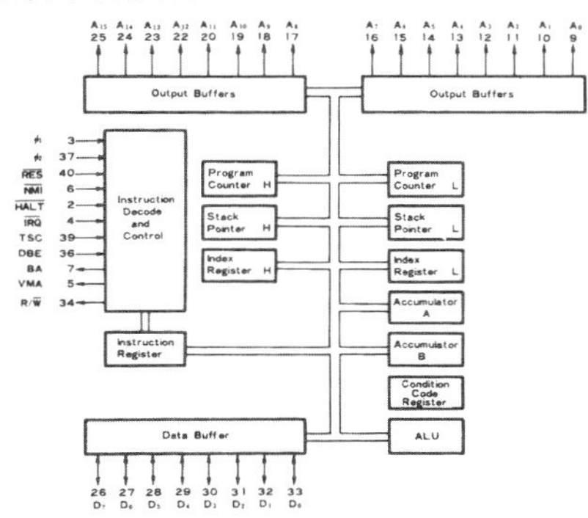

■ピン配置図

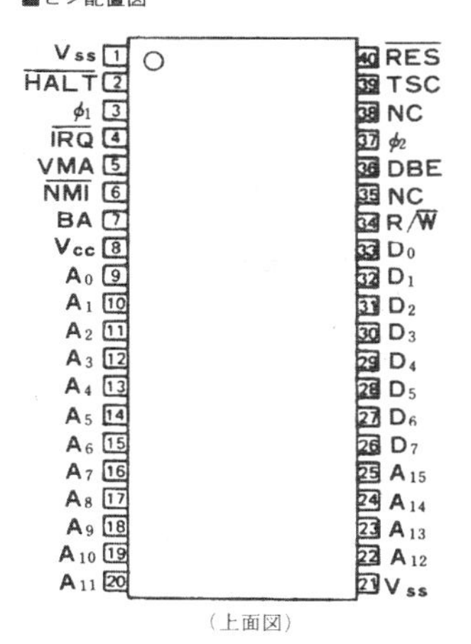

（上面図）

⬆6800の製品概要（日立製作所のマニュアルより転載）

6800のピン配置図は、現在のマイクロプロセッサが常識として持っている信号のいくつかが欠落しています。いちばん困るのは、読み書きのタイミングを知る方法がないことです。不思議に思って『アプリケーションマニュアル』にあたると意外な答えがありました。読み書きのタイミングは、6800が教えてくれるのではなく、外部から6800へ教えるのです。

改めて6800のピン配置図に向き合うと、同様に世話の焼ける信号が散見されます。呆れたことに、データバスの有効/無効まで外部から切り替えてやらなければなりません。そのかわり、外部でうまく遣り繰りすれば、さまざまな困った状況にちゃんと対応します。すなわち、込み入った細部の働きは、素材だけ提供しておいて、あとのことを任せた格好です。

振り返ると、マイクロプロセッサの常識は6800からあとの半世紀で確立されました。初期の段階では何が「当たり前」かを詰め切れず、どうにでもなる構造をとったのでしょう。いずれにしろ、6800はコンピュータの頂点に君臨する絶対的な支配者ではありません。もうひとつ上にラスボスがいて、その指示にしたがう中ボスというのが正しいイメージです。

限りなくシンプルなコンピュータを想定すると、ラスボスはクロックジェネレータです。たとえば、6800に読み書きのタイミングを教えたり、データバスの有効/無効を切り替えたりするのはクロックジェネレータの役割です。したがって、クロックジェネレータの作りかたはコンピュータの全体に影響し、その工程は6800の実態に迫る糸口となります。

⊕ クロックに要求される波形と電圧

モトローラの6800が、それ以降のマイクロプロセッサと大きく違うのは、外部のクロックジェネレータからクロックを与えるところです。クロックジェネレータを内蔵していないといえば話が簡単ですが、その説明は誤った印象を与えます。外部のクロックジェネレータは、ただの発振器ではなく、6800の各部を制御し、ときには6800の実行を停止します。

実行を停止する典型例は低速なメモリのためのウェイトです。まれな例だとマルチプロセッサの同期や小刻みなDMAなどが挙げられます。やればできるけれど滅多にやらない例まで挙げたらキリがありません。6800がどう使われるかわからない段階で、何でもできるようにしておくいちばん簡単な方法が、クロックジェネレータの外付けだったのです。

6800を一瞬たりとも停止させずに動かすとき、たとえば、ウェイトが不要なメモリを接続し、シングルプロセッサで、小刻みなDMAをやらないなら、クロックジェネレータは淡々とクロックを生成すればよく、回路は大幅に簡略化されます。それでも、ただの発振器に比べると凄く複雑です。6800のクロックは、波形や電圧にうるさい規定があるからです。

6800に必要なクロックはϕ_1とそれを反転したϕ_2のふたつです。ϕ_1とϕ_2は同時にHとなってはいけません。さらに、Hの電圧は最低4.4Vと規定されています。いわゆるTTLレベルより厳しく、TTLで作ったクロックを6800へ直結することができません。クロックジェネレータの設計にはアナログの知識が求められ、デジタル一辺倒だとお手上げです。

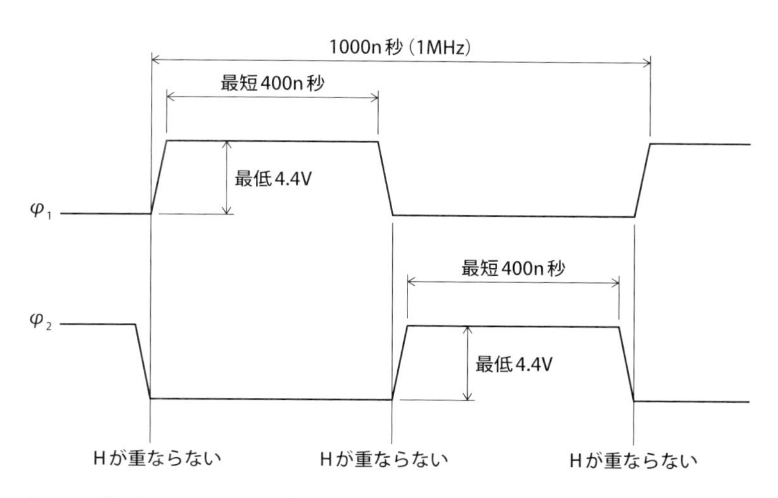

⬆6800が要求するクロックの概要（1MHzで動かす例）

『アプリケーションマニュアル』に掲載されたクロックジェネレータの具体例は、ほぼアナログの回路です。ϕ_1とϕ_2は2個の単安定マルチバイブレータで作ります。双方とも相手の立ち下がりを見て立ち上がるため、Hの期間が重なりません。電圧は、やや不足します。ですから、後ろにトランジスタのバッファをつないで規定の電圧まで引き上げます。

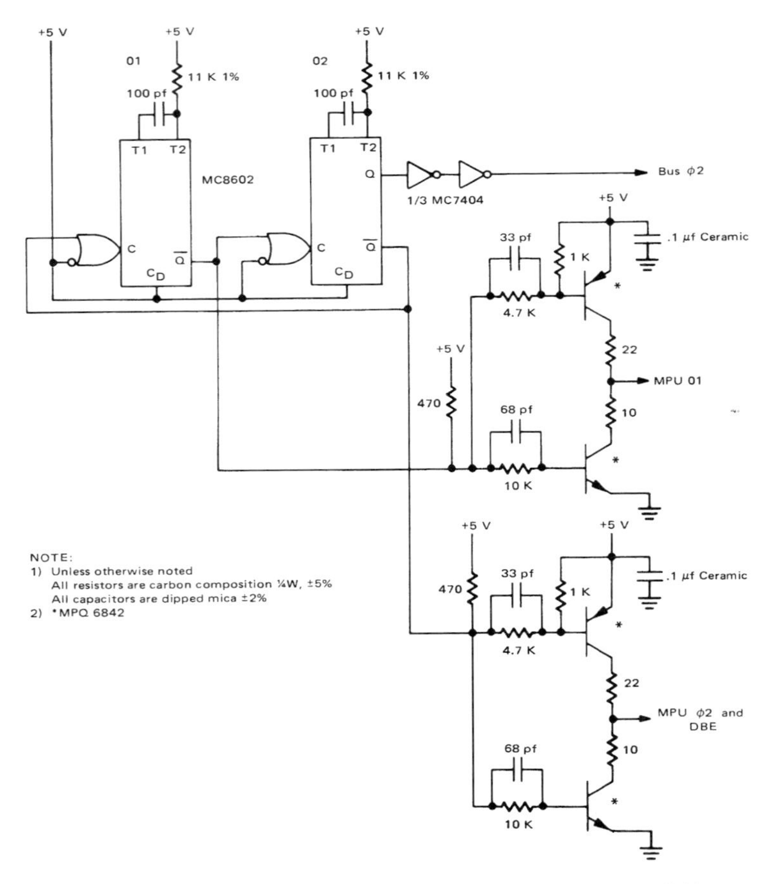

『アプリケーションマニュアル』に掲載されたクロックジェネレータの具体例

こういう回路を組み立てなくて済むように、6800のファミリーに専用のクロックジェネレータ、6870と6871があります。6870は淡々とクロックを生成します。6871は低速なメモリのためのウェイトや小刻みなDMAに対応します。ただし、『アプリケーションマニュアル』は何の説明もしていません。原稿を書く段階で、存在しなかった可能性があります。

PIC12F1822を応用したクロックジェネレータ

手もとの6800を動かしてみるために、なるべく簡単なクロックジェネレータを検討します。『アプリケーションマニュアル』の具体例は、とうてい簡単とはいえません。6870か6871が手に入れば理想的ですが、日本の部品店ではもう取り扱っていません（海外のオークションサイトに出品されています）。幸い、現在の部品で代替できるものが見付かりました。

マイクロチップテクノロジーのマイコン、PIC12F1822は、プログラムを上手に書くだけで6800のクロックを生成します。加えて、リセットを発効することができます。小型で安価で、6870や6871より使い勝手がいいくらいです。実は、波形と電圧に少々の難があるのですが、圧倒的な簡便さと引き換えに、そのくらいは我慢してもいいと思えるレベルです。

↑クロックジェネレータに使用したマイクロチップテクノロジーのPIC12F1822

❶PIC12F1822で6800のクロックとリセットを生成するプログラム

```
/*
  MC6800 clock/reset generator
  Device: PIC12F1822
  Compiler: XC8
*/

#include <xc.h>                         //ヘッダの取り込み

#pragma config FOSC = INTOSC            //内蔵クロックジェネレータを使用
#pragma config WDTE = OFF               //ウォッチドッグタイマを使用しない
#pragma config MCLRE = ON               //外部リセットを使用
#pragma config CLKOUTEN = OFF           //クロックを外部へ出力しない
#pragma config PLLEN = ON               //PLLを使用

#define _XTAL_FREQ 32000000             //__delay_msマクロの準備

void main() {
   // initialize
   OSCCON = 0b11110000;                 //発振周波数を32MHzに設定
   ANSELA = 0;                          //汎用ポートをデジタルに設定
   nWPUEN = 0;                          //汎用ポートのプルアップを有効に設定
   TRISA  = 0b00001011;                 //汎用ポートの入出力方向を設定
   P1BSEL = 1;                          //P1B (6800のφ2) をRA4に出力

   // clock generate
   CCP1CON = 0b10001100;                //PWMのハーフブリッジモードを選択
   PR2 = 7;                             //周期を8クロックに設定
   CCPR1L = 4;                          //Hの期間を4クロックに設定
   PWM1CON = 1;                         //立ち上がり遅延を1クロックに設定
   T2CON = 0;                           //タイマ2を最速に設定
   TMR2ON = 1;                          //タイマ2の動作を開始

   // reset
   LATA5 = 0;                           //6800のリセットを開始
   __delay_ms(200);                     //200m秒待機
   LATA5 = 1;                           //6800のリセットを解除

   // manual reset
   while(1)                             //次の動作を繰り返す
      LATA5 = RA0;                      //RA0の状態でリセットを開始/解除
}
```

PIC12F1822は外付け部品なしに最高8MHz（発振周波数は32MHz）で動作します。6800のϕ_1とϕ_2はPWMのハーフブリッジモードで生成します。ハーフブリッジモードは、本来、モーターの回転制御に使うのですが、取り扱う波形が6800のクロックと一致します。ある意味、モーターの回転方向を毎秒100万回、反転するプログラムを書けばいいのです。

プログラムの開発環境はクラウドのMPLAB Xpressが便利です。ソースはC言語で書き、XC8でコンパイルします。作業はブラウザで行い、完成した機械語をインテルHEX形式のファイルでダウンロードします。これらの開発ツールはマイクロチップテクノロジーが無償で提供しています。6800の発売から半世紀がたつと、状況はこのように進化します。

PIC12F1822の8MHzのPWMで、6800の1MHzのクロックを作ると、1周期は8発、Hの期間は4発です。ハーフブリッジモードでは、HとLが反転した2系統の波形が作られます。その際、双方が同時にHとならないように遅延を入れることができます。遅延は少しでいいのですが、最低でも1発です。Hの期間は、4発のうち1発が欠け、実質、3発となります。

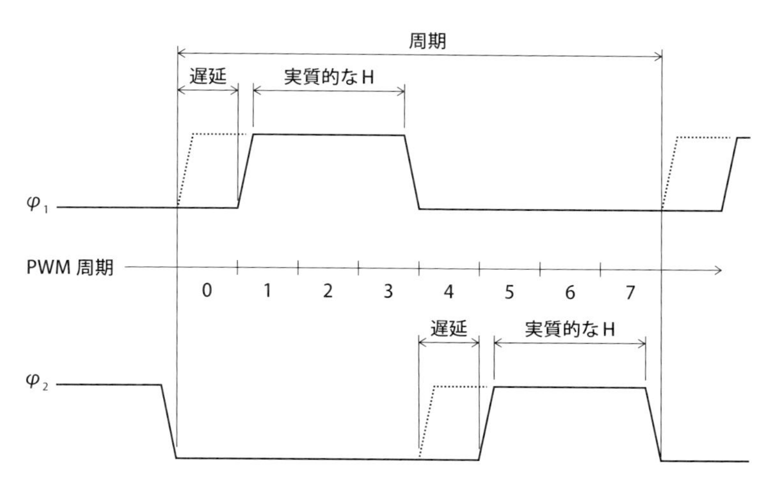

⬆PIC12F1822のPWMがハーフブリッジモードで生成する波形

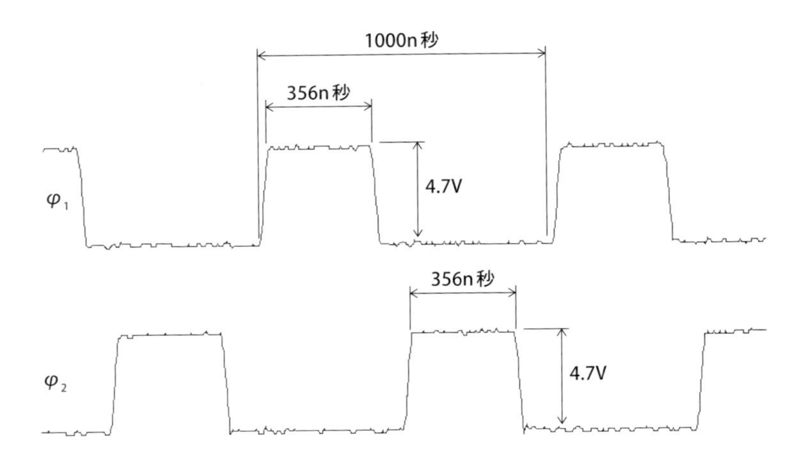

⬆PIC12F1822が生成した6800のクロックの実測値（負荷1mA）

PIC12F1822が生成したクロックを実測すると、Hの期間は356n秒でした。困ったことに、6800が要求する400n秒に少し足りません。それでも1.5MHz版が要求する230n秒や2MHz版の180n秒には届いています。手もとの6800はモトローラのMC68A00と日立製作所のHD468A00であり、これらを1MHzで動かす分には、まったく支障をきたしません。

PIC12F1822は出力が俗にいうフルスイングで、生成したクロックは、原則、6800に直結することができます。Hの電圧は負荷1mAの実測で4.7Vあり、6800が要求する4.4Vを十分に上回ります。ただし、データシートの最悪値は負荷3.5mAで4.3Vとなっていて、重い負荷が掛かった場合は少し足りません。クロックの接続先は6800と数個のICに限ります。

PWMのハーフブリッジモードは、初期設定を済ませたら自律動作し、ほうっておいても6800のクロックを生成し続けます。ですから、これだけだとPIC12F1822が時間を持て余します。もったいないので、もうひとつリセットの機能を付け加えました。PIC12F1822は、クロックを生成したあと6800をリセットし、以降も随時、手動リセットを受け付けます。

```
Output ×
Memory Summary:
    Program space        used    32h (    50) of   800h words   (  2.4%)
    Data space           used     4h (     4) of    80h bytes   (  3.1%)
    EEPROM space         used     0h (     0) of   100h bytes   (  0.0%)
    Data stack space     used     0h (     0) of    70h bytes   (  0.0%)
    Configuration bits   used     2h (     2) of     2h words   (100.0%)
    ID Location space    used     0h (     0) of     4h bytes   (  0.0%)

You have compiled in FREE mode.
Using Omniscient Code Generation that is available in PRO mode,
you could have produced up to 60% smaller and 400% faster code.
See http://www.microchip.com/MPLABXCcompilers for more information.

Build Successful
```

⮉MPLAB Xpressが表示したビルド結果の報告

MPLAB Xpressの報告を見ると、このプログラムはROM（フラッシュメモリ）を2.4%、RAMを3.1%しか占有しません。その上、PIC12F1822の内蔵機能が、ほぼ手付かずです。したがって、みなさんがご自身で機能を追加する余地があります。たとえば、温度センサを外付けし、6800が高温になったらクロックの周波数を下げるといった応用が考えられます。

PIC12F1822に関心がなく、ただ6800が動けばいいという人は、本書のサポートページからインテルHEX形式のファイル、mc6800crgen.hexを入手し、PIC12F1822に書き込んでください。そのPIC12F1822は、あたかも6800のファミリーとして開発された周辺ICのように、外付け部品なしで6800とつながり、電源を入れたあと、6800を無難に立ち上げます。

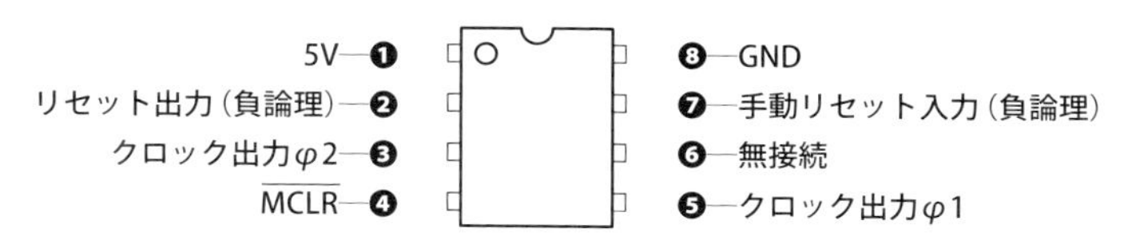

⮉PIC12F1822を応用したクロックジェネレータのピン配置

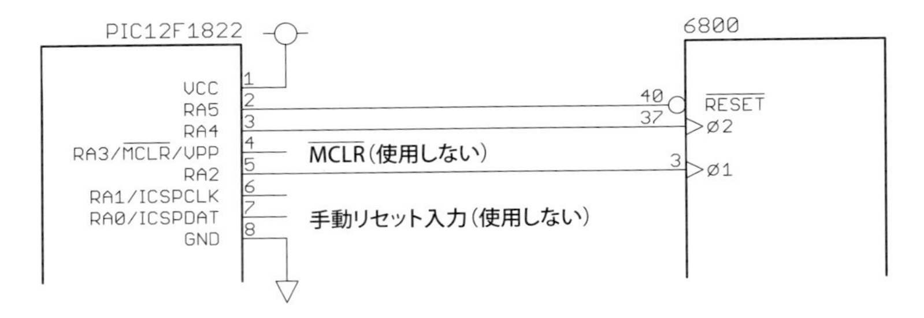

PIC12F1822のクロックジェネレータと6800を接続する実例

PIC12F1822のリセット出力とクロック出力は、6800のリセット入力とクロック入力に直結します。PIC12F1822の$\overline{\text{MCLR}}$と手動リセット入力は内部でプルアップしてあり、使うならスイッチをつなぐだけ、使わないときは無接続です。実例では、外付け部品をなくすため、使わないことにします。緊急に必要な場合、ジャンパー線などでGNDに落とします。

アドレス空間にICを割り当てるための外付け回路

6800のバスは練り上げられた最少の信号でファミリーのICとつながり、ファミリーでないICをつなぐときにも外付け回路の設計が簡単です。日立製作所のマニュアルは細部まで丁寧すぎて、このせっかくエレガントなバスを難しく説明しています。当面、滅多に使わない機能を存在しないものと仮定し、できるだけシンプルに捉えようと思います。

わかりやすい事実から片付けておきます。6800とファミリーのICは、外付け回路なしに事務的な接続ができます。強いていえば、チップセレクトの取り扱いでちょっとしたパズルを解かなければなりませんが、たいてい、正解が『アプリケーションマニュアル』に図示されています。もし全部がファミリーのICなら、バスの構造は知らなくても大丈夫です。

ところが、6800の発売から2年ほどあと、進歩の速いメモリの分野でSRAMの6810とROMの6830が脱落してしまいました。これらを汎用のメモリで代替すると、少なくともふたつファミリーでないICが混じります。その部分は外付け回路が必須で、もはや事務的な接続ができません。バスの構造は、外付け回路が作れる程度に知っておく必要があります。

6800のバスは64Kバイトのアドレス空間にメモリと周辺ICのレジスタを割り当てます。Mikbugのソースなどから推測される、当時の一般的な設計では、アドレス空間を8Kバイト×8区画に分割し、ROMとRAMと周辺ICで1区画ずつを使います。残りの5区画は未使用としておいて、必要に応じ、オプションの増設メモリボードで使う例が多いようです。

この設計にならって手もとの6800を動かすことにすると、メモリの容量は1区画を1個で埋められる8Kバイト(8ビット×8K)が最適です。実例では、ROMにEPROMの2764、RAMにSRAMの6264を選びました。どちらも、ピン互換で機能や外形に特徴を持つ派生品があります。実際に何を使うかは、設計を終え、製作をする段階で改めて検討します。

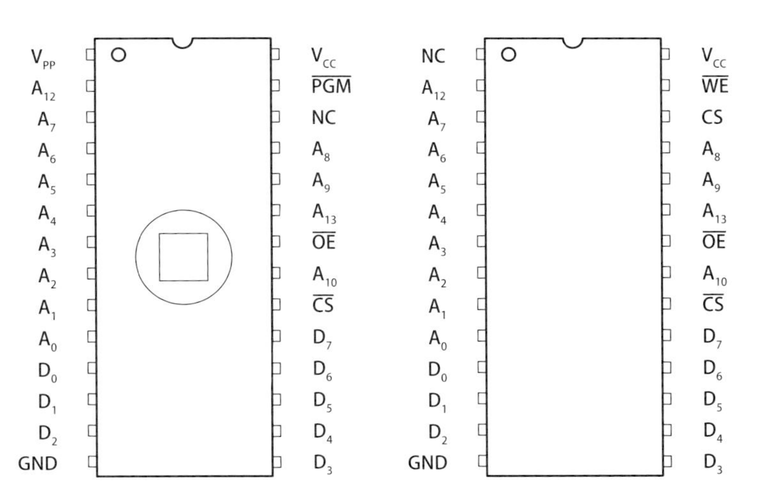

2764(左)と6264(右)のピン配置

バスに接続したICのうち、読み書きの対象となる1個は、原則、アドレスデコーダで選択します。アドレスデコーダは、アドレスの上位ビットをデコードしてチップセレクト（IC選択信号）を作る外付け回路です。6810や6830はアドレスデコーダなしにつなぐ方法がありますが、それはファミリーの特徴ではなく、容量が小さいメモリに通用する芸当です。

アドレス空間を8Kバイト×8区画に分割する場合、アドレスデコーダはA_{13}～A_{15}をデコードして8本のチップセレクトを作ります。これで読み書きの対象となるICを選択するのですが、これだけだと読み書きしないときにもどれかのICが選択されてしまいます。もうひとつ、読み書きしないとき全部のチップセレクトを無効とする仕組みが必要です。

6800は有意のアドレスが出ている状態でVMAをHとします。この信号は、6800が読み書きすることを表すものと理解して差し支えありません。そこで、アドレスデコーダはVMAがHのときチップセレクトを生成し、Lなら全部が無効となるように設計します。何となくややこしい回路を想像しがちですが、実際に必要な部品はTTLの74138がひとつです。

ちなみに、日立製作所のマニュアルはメモリの接続に限りVMAを使わなくていいと述べています。もし誤動作しても、最悪、読み出したデータを同じアドレスへ書き戻すだけなのだそうです（周辺ICだと入出力が実行されてしまいます）。この説明は、6810と6830が外付け回路なしに接続できる事実と矛盾しないように取って付けたものと思われます。

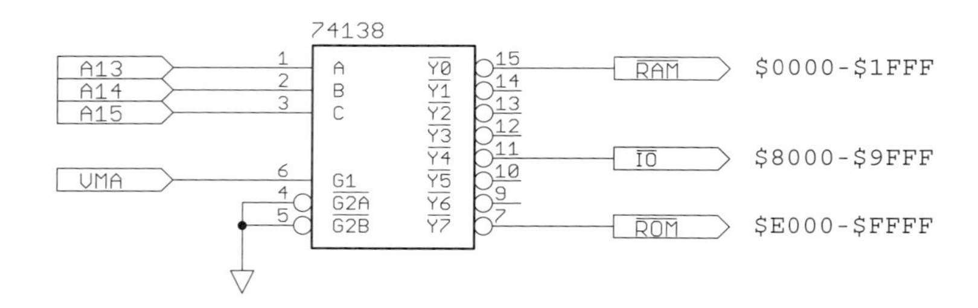

↑アドレスデコーダの実例

⬆アドレスデコーダに使用した74138（TIのSN74LS138N）

6800のアドレス空間は末尾と先頭に特別な領域があります。チップセレクトは、それを踏まえて適切なICに接続します。末尾の8バイトはリセットベクタと3種類の割り込みベクタを配置する領域です。そのうち少なくともリセットベクタは、電源が入ってすぐ読み出されるため、最下位区画のチップセレクトはROMに接続するものと決まっています。

先頭の256バイトはダイレクト指定で読み書きできる領域です。この領域を読み書きする命令はアセンブラが短い（したがって高速に実行される）機械語に変換します。最上位区画のチップセレクトはRAMか周辺ICのどちらか頻繁に読み書きするほうを接続します。日立製作所のマニュアルがRAMの接続を推奨しているため、実例もそれにならいます。

2764
ROM 20 CS
A0 10 A0
A1 9 A1
A2 8 A2
A3 7 A3
A4 6 A4
A5 5 A5
A6 4 A6
A7 3 A7
A8 25 A8
A9 24 A9
A10 21 A10
A11 23 A11
A12 2 A12

6264
RAM 20 CS1
26 CS2
10 A0
9 A1
8 A2
7 A3
6 A4
5 A5
4 A6
3 A7
25 A8
24 A9
21 A10
23 A11
2 A12

⬆チップセレクトとメモリを接続する実例

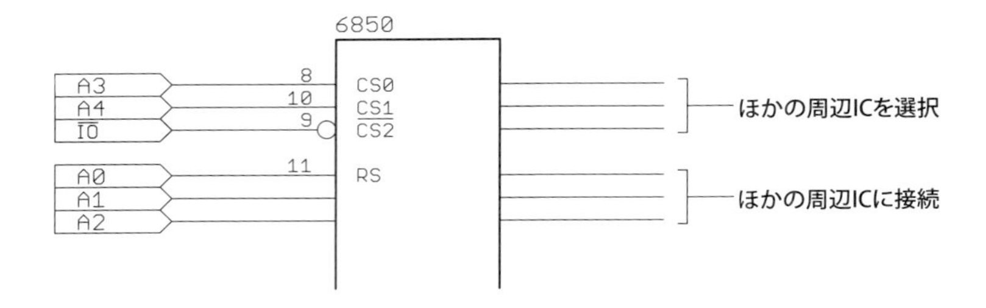

🅐チップセレクトと6850を接続する実例

周辺ICはレジスタが数本あるだけなので、通例では$8000から始まる区画に必要なだけ全部を割り当てます。周辺ICが多数ある場合はアドレスデコーダを追加して1区画をさらに分割します。少数なら、容量が小さなメモリに通用する芸当を応用することができます。そのやりかたで、6821と6840と6850を少なくともひとつずつ接続することができます。

データバスは、メモリも周辺ICも、同じ名前のピンどうしを接続します。これはもう事務的というより機械的な作業です。結果として、データバスを持つ全部のICが8本の平行線でつながり、そこを8ビットのデータが往来します。データが衝突したり行方不明になったりしないか心配でしょうが、それは、データバスではない信号が心配するべき問題です。

⊕汎用のメモリを読み書きするための外付け回路

汎用のメモリは、もうひとつ、外付け回路で読み書きの信号を変換する必要があります。6800は$R/\overline{W}$で読み出しか書き込みかを指定し、ϕ_2の立ち下がりで実行します。汎用のメモリは、$\overline{OE}$の立ち上がりで読み出すか$\overline{WE}$の立ち上がりで書き込みます。したがって、6800のϕ_2と$R/\overline{W}$から、$\overline{OE}$か$\overline{WE}$を作ります。必要な部品はTTLの7400がひとつです。

6800の素晴らしいところは、少なくともϕ_2がHの期間、バスの信号が確定していることです（データは確定していません）。そのため、外付け回路の設計でとても厄介なタイミングの計算を簡単に済ませられます。すなわち、ϕ_2の立ち上がりで動作を開始し、立ち下がりの100n秒前にデータを確定すれば、立ち下がりで確実に読み書きが実行されるのです。

厳密にいうとバスの信号は、ϕ_2の立ち上がりより150n秒くらい前から、順次、確定していきます。低速なICを接続する場合、込み入った外付け回路を作って早めに動作を開始する例があります。普通のICはϕ_2の立ち上がりで動作を開始すれば十分に間に合います。6800の設計では、ϕ_2がHの期間に読み書きを成し遂げるスタイルが一般的です。

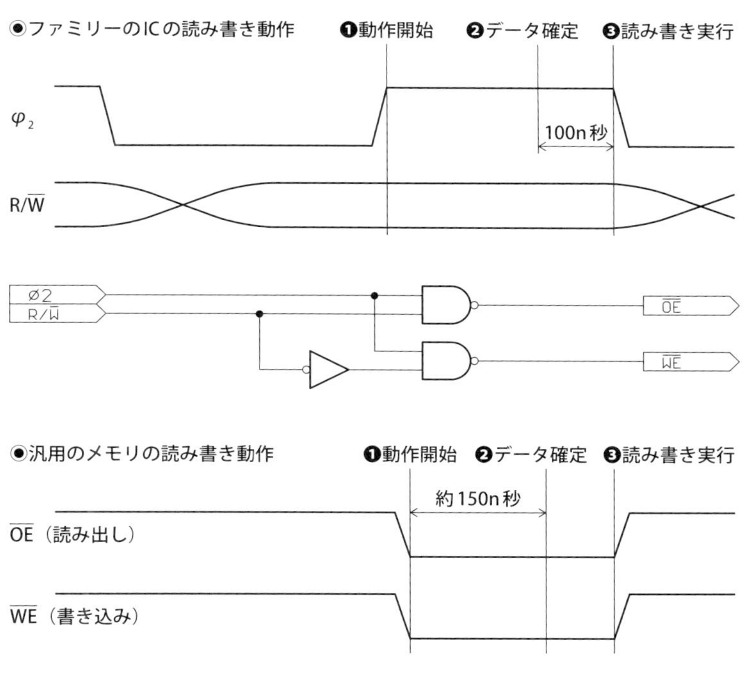

↑外付け回路による読み書き信号の変換

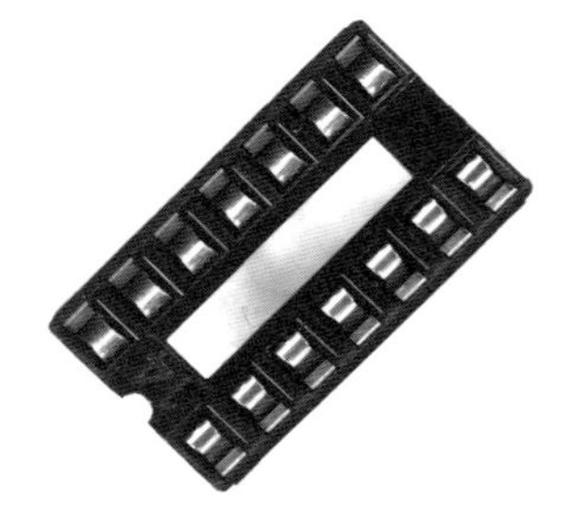

⬆汎用のメモリを読み書きする回路に使用した7400（TIのSN74LS00N）

いいかえると、ϕ_2がLの期間はバスが開放されています。これを利用して、DRAMのリフレッシュや小刻みなDMAや、マルチプロセッサでメモリを共有することができます。ザイログのZ80はDRAMをリフレッシュしていい期間に$\overline{\mathrm{RFSH}}$を出すことで高評を得ましたが、6800は、それを含め、それ以上に応用が利く、エレガントな構造を持っています。

このようにクロックのϕ_2が重用されるからといって、ϕ_1もそれなりに重要な役割を持つのだろうと推測したら、とんだ見当違いです。ϕ_1はもっぱら6800の内部で使われ、外部では役に立ちません。実際、クロックジェネレータを内蔵した6801や6802や6803は、ϕ_2に相当するEのみを出力します。これらの製品にとって、ϕ_1は盲腸のような存在です。

⊕ DMAのやりかたとDMAをやらないやりかた

コンピュータのCPUは、ただプログラムにしたがって動作するだけでなく、要求に応じ、DMAや割り込みを実行します。インテルの8080とモトローラの6800はDMAと割り込みに対応し、まさにCPUの役割を果たすため、マイクロプロセッサと呼びます。それ以前のプログラムで動くICは、発売もとでさえ公式にマイクロプロセッサとは呼んでいません。

DMAは端的にいうと外付け回路によるデータの転送で、この間、CPUはバスを開放して停止します。6800はバスを開放する信号と停止する方法が複数あり、いろいろなDMAのやりかたが考えられます。ただし、手もとの6800を動かしてみる過程でDMAを使う機会はありません。DMAをやらないとき関連の信号をどう始末するか、まとめておきます。

DBEはデータバスの有効/無効を切り替えます。普通はϕ_2がHの期間を有効、Lの期間を無効とします。たぶん、あらゆる応用でそれ以外の切り替えかたは必要がありません。ですから、本来は6800の内部で切り替えてほしいのですが、外部でやれということなのでϕ_2を接続します。MITSのAltair680bとSWTPCのSWTPC6800もϕ_2を接続しています。

TSCはアドレスバスとR/$\overline{\mathrm{W}}$を開放します。その傍ら、クロックジェネレータが6800を停止させると(DBEがϕ_2と接続していればデータバスも開放されるため)、DMAができます。このDMAは応答が速く、小刻みなデータの転送に向きますが、クロックジェネレータが複雑になり、簡単に作れません。このDMAをやらない場合、TSCはGNDに接続します。

$\overline{\mathrm{HALT}}$は標準的なDMAの要求を受け付けます。外付け回路が$\overline{\mathrm{HALT}}$をLにすると6800はアドレスバスとR/$\overline{\mathrm{W}}$とデータバスを開放して停止し、BAをLにします。外付け回路はBAがLになるのを待ってデータの転送を実行し、終了したら$\overline{\mathrm{HALT}}$をHに戻します。この間、クロックジェネレータはクロックを生成する以外に特別な働きを求められません。

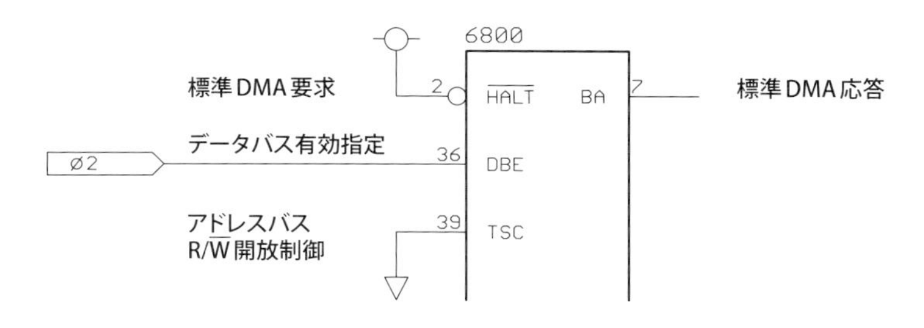

DMAをやらない接続の実例

このDMAは6800がバスを開放して停止するまでが比較的簡単です。しかし、外付け回路は$\overline{\mathrm{HALT}}$を操作したりBAを見たりしながら手順を踏んで動作しなければならないため、むしろ面倒になります。このDMAをやらないなら、$\overline{\mathrm{HALT}}$を電源に接続します。やるとすれば、外付け回路はDMAコントローラ、6844を使って構成するのが現実的です。

⊕シンプルなハードウェアで実現される割り込み

6800の割り込みは、マスク不能割り込み、ソフトウェア割り込み、通常の割り込みの3系統があります。いずれも、まずスタックポインタを除くレジスタの内容をスタックへ退避します。次に、所定のアドレスから割り込みベクタを取得し、それぞれの割り込みプログラムを呼び出します。なお、「ベクタ」は概略「分岐先のアドレス」を意味する業界用語です。

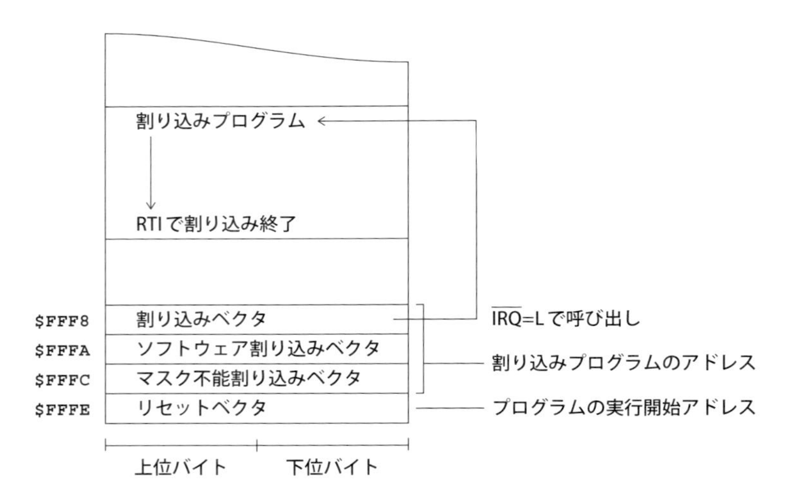

⬆割り込みベクタと割り込みプログラムの関係

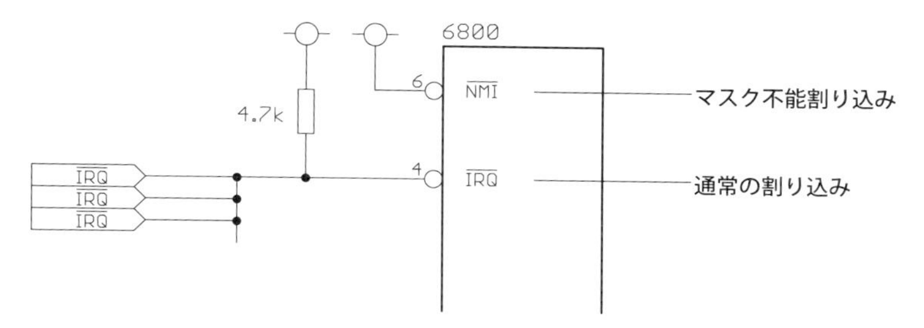

⬆割り込みに関係する配線の実例

マスク不能割り込みは$\overline{\mathrm{NMI}}$の立ち下がりで割り込みます。割り込みを禁止する手段は、原則、ありませんが、割り込み中の割り込みは構造的に禁止されます。この割り込みは緊急事態に対処することを想定しており、危険を察知したり防いだりする仕組みがないと有用な使いみちがありません。使わない場合は、誤動作を防ぐため、$\overline{\mathrm{NMI}}$を電源に接続します。

ソフトウェア割り込みはSWI命令が実行します。いわば、単なる命令の働きです。SWI命令はプログラムを開発する過程でよくブレークポイントに埋め込んでデバッグルーチンを呼び出すために使います。手軽なサブルーチン呼び出し命令として使われる例もあります。いずれにしろ、ハードウェアの組み立てかたには影響しませんし、影響を受けません。

通常の割り込みは$\overline{\mathrm{IRQ}}$がLだと実行されます。実行はSEI命令で禁止、CLI命令で許可されます。リセットの直後は禁止されています。また、割り込み中の割り込みは自動的に禁止されます。ファミリーの周辺ICは、この割り込みに対応します。一例を挙げると、6850は受信を完了したとき$\overline{\mathrm{IRQ}}$をLとし、6800がデータを読み出したらその状態を解除します。

ファミリーの周辺ICはすべて$\overline{\mathrm{IRQ}}$がオープンドレインになっており、Lに引っ張りますが、Hに持ち上げません。ですから、6800の$\overline{\mathrm{IRQ}}$は抵抗でプルアップする必要があります。そのかわり、周辺ICがいくつあろうと、ただ全部の$\overline{\mathrm{IRQ}}$をつなぐだけで済みます。外付け回路がいりませんし、周辺ICをいくつ使うか、あらかじめ決めておかなくても大丈夫です。

割り込みの動作は割り込みプログラムがRTI命令を実行したところで終了します。RTI命令はスタックポインタを除くレジスタの内容をスタックから復帰します。その結果、6800が割り込む直前の状態に戻り、中断していたプログラムを再開します。この間、もし周辺ICが$\overline{\mathrm{IRQ}}$をLにしたまま割り込めないでいたとしたら、それはこの時点で割り込みます。

⊕ 資料で知った事実を検証する試作機の製作

ここまでの説明に誤りがないことを確認するため、とりあえず6800まわりの部品をつないで試作機を組み立てました。技術的な興味から、結果として不要と判断したふたつめのアドレスデコーダなど余計な回路が付いています。一方、入出力装置は何もなく、まだコンピュータの働きをしません。まともなコンピュータは、試作機が動いたあとに紹介します。

試作機は7個のICで構成され、総ピン数が146本です。ユニバーサル基板に組み立てると電線がICを覆い隠し、ROMの挿し換えなどに支障をきたすため、感光基板で片面のプリント基板を起こしました。必要な電線は25本のみで、配線の腕前を披露できないのが残念ですが、プリント基板の緻密なパターンの引き回しも、ひとつの見どころだと思います。

ROMは汎用のEPROMです。紫外線消去型の2764を使う想定で組み立てたのですが、プログラムを更新するたびに30分ほどかけて消去しなければならないところが煩わしすぎるので、ピン配置が同じで電気的消去可能な2864を取り付けてあります。RAMは汎用のSRAMです。プリント基板のサイズが足りなくて、6264のスリムタイプを使っています。

6800の主要な信号はプリント基板の一辺に取り付けた26ピンのピンヘッダに引き出しました。アドレスバスはピン数の都合でA_0～A_2しかつないでいませんが、かわりにデコード済みのチップセレクトが4本あります。したがって、外部に周辺ICを4個まで接続することができます。6800まわりの動作を確認する試作機としては無駄に優れた拡張性です。

⬆試作機の部品面（上）とハンダ面（下）

⬆試作機のA_0に周波数カウンタをつないで動作確認した様子

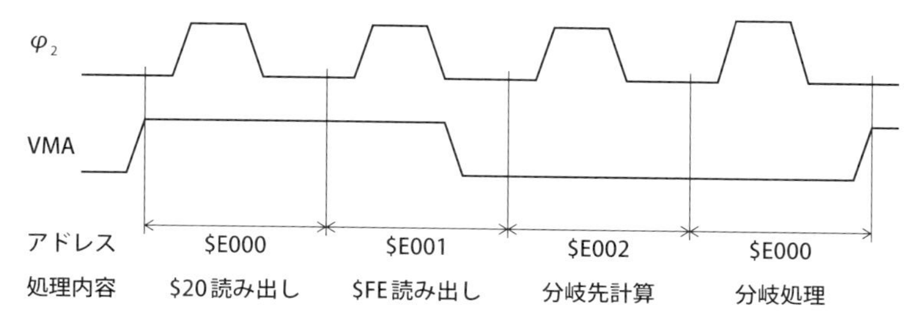

⮉無条件ループの信号の推移（アドレス$E000から$20、$FEを並べた例）

6800ファンの合言葉「にまるえふいー」（$20、$FE）は無条件ループの機械語です。これをROMに書き、そのアドレスをリセットベクタに登録すると、6800は起動してすぐ同じ動作を繰り返します。この間、VMAとA_0とA_1は4クロックに1回、Hとなります。ですから、6800まわりの部品しかない試作機でも、周波数カウンタをあてて動作の確認ができます。

実測ではϕ_2が1MHz、VMAとA_0とA_1が250kHzでした。つまり、正常に動作しています。だいたいの回路は『アプリケーションマニュアル』の具体例にならっており、正常で当たり前です。しかし、机上の論理だけで作ったPIC12F1822のクロックジェネレータが現実にクロックを生成し、6800をリセットして起動させたことは、ちょっとした驚きでした。

⊕ TTLで作ったLEDインタフェースによる動作確認

試作機が動いていることはわかったので、電子工作の通例にしたがい、LEDの点滅をやってみます。6800のファミリーだと6821の領分になりますが、出力が1本あれば済む仕事にパラレル入出力とハンドシェイクと割り込み要求ができるICを使うのは大袈裟です。TTLでLEDインタフェースを作って6800につなぎ、点灯または消灯のデータを送ります。

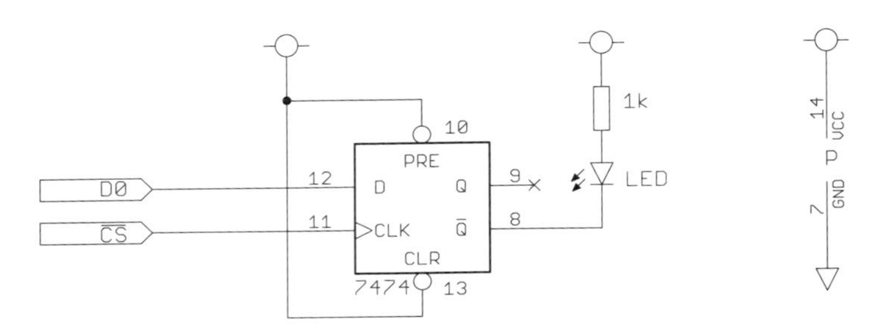

LEDインタフェースの回路

LEDインタフェースを周辺ICのひとつとみなしてマニュアルを書くとこうなります。「レジスタに1を書き込むとLEDが点灯し、0を書き込むと消灯します」。まさに周辺ICの風情ですが、回路はがっかりするくらい単純です。必要な部品はTTLの7474と抵抗とLEDだけで、ユニバーサル基板に組み立てるまでもないため、ブレッドボードを使いました。

LEDインタフェースをブレッドボードに組み立てた例

❹試作機とLEDインタフェースでLEDを点滅させるプログラム

```
*     BLINK LED
*
      ORG   $E000       プログラムをROMの先頭から配置
START LDS   #$1FFF      スタックポインタをRAMの末尾に設定
      LDAA  #$01        Aに点滅データの初期値（点灯）を転送
BLINK STAA  $8000       LEDインタフェースに点滅データを転送
      COMA              点滅データを反転
      JSR   DELAY       1秒待機サブルーチンの呼び出し
      BRA   BLINK       BLINKへ戻って繰り返す
*
*     0.9999sec@1MHz
DELAY PSHA              Aの値をスタックへ退避
      PSHB              Bの値をスタックへ退避
      LDAA  #220        Aに繰り返し回数（220）を転送
LOOP1 LDAB  #252        Bに繰り返し回数（252）を転送
LOOP2 BRA   *+2         次のアドレスへ分岐（時間つぶし）
      BRA   *+2         次のアドレスへ分岐（時間つぶし）
      BRA   *+2         次のアドレスへ分岐（時間つぶし）
      DECB              Bの値を1減らす
      BNE   LOOP2       0でなければLOOP2へ分岐して繰り返す
      DECA              Aの値を1減らす
      BNE   LOOP1       0でなければLOOP1へ分岐して繰り返す
      PULB              Bの値をスタックから復帰
      PULA              Aの値をスタックから復帰
      RTS               サブルーチンを終了
*
*     RESET VECTOR
      ORG   $FFFE       リセットベクタをROMの末尾に配置
      FDB   START       リセットベクタ（実行開始アドレス）
      END
```

レジスタの正体は7474にふたつ入っているフリップフロップのひとつです。フリップフロップはCLK（6800の$\overline{CS}$）の立ち上がりでD（同D_0）の値を記憶し、反転して$\overline{Q}$へ出力します。$\overline{Q}$にはLEDと抵抗がつながっていて、書き込んだ値で点灯または消灯します。6800のϕ_2やR/$\overline{W}$を無視した乱暴な設計ですが、現実に動くので、その一件には言及しません。

⬆試作機とLEDインタフェースで動作確認した様子

点灯と消灯は1秒の間隔で切り替えます。初期のマイクロプロセッサはキャッシュもパイプラインもなく、クロックにしたがい整然と動作します。1秒の間隔は、百万クロックを費やしてこれといった仕事をしないサブルーチンで空けます。それが本当に1秒だったら、試作機の6800が資料の説明どおりに命令を実行していると判断することができます。

試作機にLEDインタフェースをつないで電源を入れると、目論みどおり、LEDが1秒の間隔で点滅しました。これで、曲がりなりにも手もとの6800を動かすことができました。悦に入って5分ほど動かし続けたところ、6800がカイロくらい発熱しています。1.5MHz版を1MHzで動かしてこの調子ですから、標準版だったら触れないほど熱くなるでしょう。

何はともあれ、コンピュータの中枢をなす6800の使いかたがわかり、加えて、正しくわかっていることがわかりました。試作機は役割を終え、その後は追加で購入した6800やジャンクのICが不良品でないことを確かめる仕事にまわりました。LEDインタフェースは引き続きまともなコンピュータが完成するまで折りに触れ、動作の確認を助けてくれました。

2 自作マニアの心情

［第2章］
伝説の真実

⊕ 6850を中心に構成する端末のインタフェース

1975年3月、アメリカでホームブルゥコンピュータクラブが結成されました。主催したゴードン・フレンチは、本当はコンピュータ教室を始めるつもりでしたが、第1回の集会に参加したのは、のちのヒーローたちでした。本書に関係する人物だけでも、アップルI/IIを設計するスティーブ・ウォズニアク、『バイト』を創刊するウェイン・グリーンほかがいます。

集会は毎月2回あり、メンバーどうし、抱えている課題を議論し、希少な部品を交換し、成果があがったらプリント基板を作って実費で配布しました。もし、私たちが、その日、その場所にいたら、その後、歴史にどんな足跡を残したでしょうか。などと想像を膨らませながら、引き続き、今度はまともな恰好をしたコンピュータの完成を目指すことにします。

コンピュータはCPUとメモリと何らかの入出力装置で成立します。入出力装置は、当面の動作を確認するためにLEDを1本だけ取り付けることがありますが、それはもうやりました。次の段階へ進み、ちゃんとした恰好にまとめるなら、実用性と部品代が頂点で折り合う入出力装置は端末です。これから、6800に端末のインタフェースと端末をつなぎます。

端末のインタフェースは6850で作ることにします。6850はシリアルインタフェースです。これで、1970年代ならSWTPCのテレビタイプライタがつながります。現在だとパソコンをつないで端末ソフトを動かす方法が現実的です。大半のパソコンは、もうシリアルインタフェースを持たないので、必要に応じ、USB/シリアル変換ケーブルでつなぎます。

NEWSLETTER

Issue number one Fred Moore, editor, 2100 Santa Cruz Ave., Menlo Park, Ca. 94025 March 15, 1975

AMATEUR COMPUTER USERS GROUPE
HOMEBREW COMPUTER CLUB...you name it.

Are you building your own computer? Terminal? TV Typewriter? I/O device?
or some other digital black-magic box?
Or are you buying time on a time-sharing service?
If so, you might like to come to a gathering of people with likeminded interests.
Exchange information, swap ideas, talk shop, help work on a project, whatever...

This simple announcement brought 32 enthusiastic people together March 5th at Gordon's garage. We arrived from all over the Bay Area---Berkeley to Los Gatos. After a quick round of introductions, the questions, comments, reports, info on supply sources, etc., poured forth in a spontaneous spirit of sharing. Six in the group already had homebrew systems up and running. Some were designing theirs around the 8008 microprocessor chip; several had sent for the Altair 8800 kit. The group contained a good cross section of both hardware experts and software programmers.

We got into a short dispute over HEX or Octal until someone mentioned that if you are setting the switches by hand it doesn't make any difference. Talked about other standards: re-start locations? input ports? better operating code for the 8080? paper tape or cassettes or paper & pencil listings? Even' ASCII should not be assumed the standard: many 5 channel Model 15 TTYs are about and in use by RTTY folks. Home computing is a hobby for the experimenter and explorer of what can be done cheaply. I doubt that standards will ever be completely agreed on because of the trade-offs in design and because what's available for one amateur may not be obtainable for another.

Talked about what we want to do as a club: quantity buying, cooperation on sofrware, need to develop a cross assembler, share experience in hardware design, classes possibly, tips on what's currently available where, etc. Marty passed out M.I.'s Application Manual on the MF8008 and let it be known that he could get anything we want. Steve gave a report on his recent visit to MITS. About 1500 Altairs have been shipped out so far. MITS expects to send out 1100 more this month. No interfaces or peripherals are available until they catch up with the mainframe back orders. Bob passed out the latest PCC and showed the Altair 8800 which had arrived that week (the red LEDs blink and flash nicely). Ken unboxed and demonstrated the impressive Phi-Deck tape transport.

What will people do with a computer in their home? Well, we asked that question and the variety of responses show that the imagination of people has been underestimated. Uses ranged from the private secretary functions: text editing, mass storage, memory, cte., to control of house utilities: heating, alarms, sprinkler system, auto tune-up, cooking, etc., to GAMES: all kinds, TV graphics, x-y plotting, making music, small robots and turtles, and other educational uses, to small business applications and neighborhood memory networks. I expect home computers will be used in unconventional ways---most of which no one has thought of yet.

We decided to start a newsletter and meet again in two weeks. As the meeting broke up into private conversations, Marty held up an 8008 chip, asked who could use it, and gave it away!

NEXT MEETING WEDNESDAY, MARCH 19th. 7 PM at
Stanford's Artificial Intellegence Laboratory, Conference room,
Arastradero Road in Portola Valley. Look for this road sign:
DC Power Lab

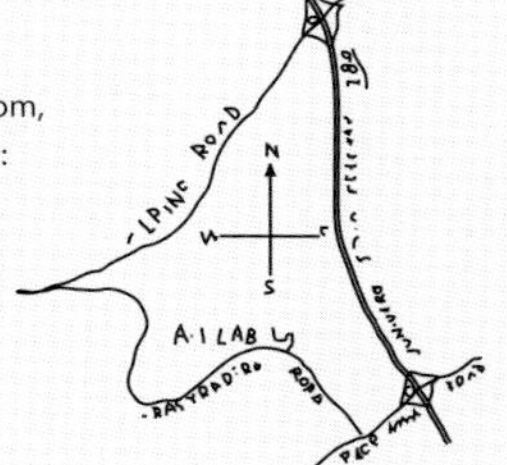

Announcoment:

Texas Instruments Learning Center is presenting an early moming home television series, April 15-18, on "Introduction to Microprocessors." In the San Jose-Bay Area tbis program will be on channel 11 at 6:OO AM.

↑ホームブルゥコンピュータクラブの会報の第１号（複数の資料をもとに再現）

HD6350/HD6850
ACIA(Asynchronous Communications Interface Adapter)

HD6350/HD6850 ACIA は調歩同期方式の直列通信データを6800システムバスにインタフェースするためのアダプタであり，データのフォーマッティングや制御を行います。
ACIA のバスインタフェース側には，データバスの他チップセレクト，レジスタセレクト，イネーブル，リード／ライト。割込み信号などがあります。ACIA は指定されたデータフォーマッティングやエラー検出を行いながら，バス側の並列データを直列に，また送られてきた受信直列データを並列に変換します。ACIAはデータ語長やクロックの分周比などはプログラムで指定可能になっています。

特長

- データの直列／並列変換可能
- 7ビットおよび8ビットデータの送信，受信機能
- 偶数または奇数パリティの挿入機能
- オーバラン，フレーミングエラー，パリティチェック機能
- モデム制御機能（$\overline{CTS}$，$\overline{RTS}$，$\overline{DCD}$）
- ÷1，÷16，÷64のクロックモード選択可能
- スタートビット，ストップビットの挿入，削除機能
- モトローラ社MC6850とピンコンパチブル

—HD6350—
- 最大1Mビット／秒の転送速度
- CMOS低消費電力
- 広範囲な電源電圧動作条件
- NMOS ACIA とピンコンパチブル

—HD6850—
- 最大500kビット／秒の転送速度

ピン配置図

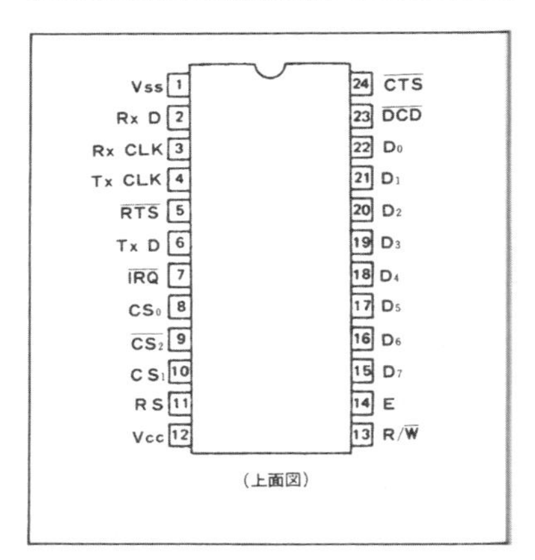

製品ラインナップ

形　名	クロック周波数	プロセス	パッケージ
HD6350P	1 MHz	CMOS	24ピン プラスチックDIP (DP-24)
HD63A50P	1.5 MHz		
HD63B50P	2 MHz		
HD6350FP	1 MHz		24ピン プラスチックSOP (FP-24D)
HD63A50FP	1.5 MHz		
HD63B50FP	2 MHz		
HD6850	1 MHz	NMOS	24ピン セラミックDIP (DC-24)
HD68A50	1.5 MHz		
HD6850P	1 MHz		24ピン プラスチックDIP (DP-24)
HD68A50P	1.5 MHz		

↑6850の製品概要（日立製作所のマニュアルより転載）

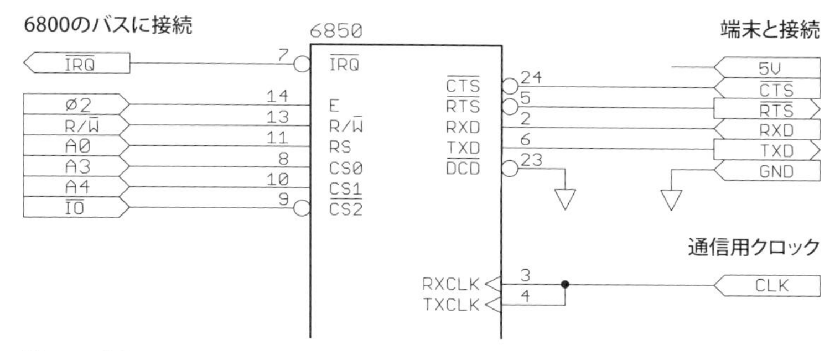

⬆6850まわりの配線の実例（データバスは6800と直結）

インタフェースは杓子定規に働くコンピュータと機転が求められる現実の境界に介在し、内側と外側の整合をとります。6850の場合、内側へ向けたピンは6800の規則にしたがってバスに接続します。外側へ向けたピンはシリアルの規則で端末と接続します。USB/シリアル変換ケーブルでパソコンと接続し、端末ソフトを動かすとすれば、次のとおりです。

RXD（受信）は双方とも相手のTXD（送信）と接続します。これで通信線が開通します。$\overline{\text{CTS}}$（送信許可待ち）は双方とも相手の$\overline{\text{RTS}}$（送信許可）と接続します。これで通信制御線が開通します。$\overline{\text{DCD}}$（準備完了待ち）は、もし相手が$\overline{\text{DTR}}$（準備完了）を出していたら、それと接続します。たいていは省略されているので、$\overline{\text{DTR}}$はGNDへ接続し、つねに有効とします。

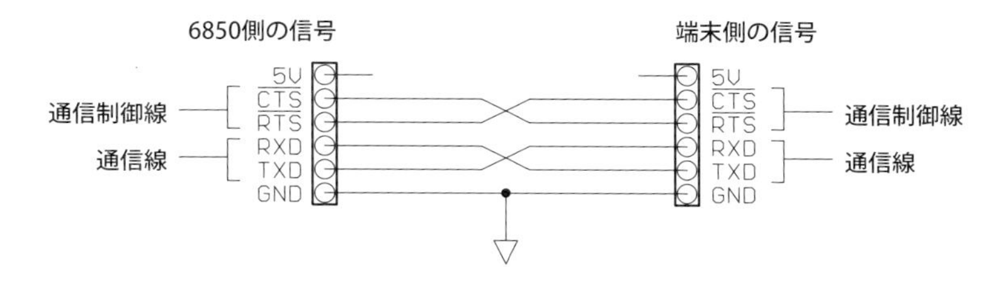

⬆6850と端末の接続（信号電圧が一致するUSB/シリアル変換ケーブルなどの実例）

モトローラの発振回路付きカウンタ、MC14411

シリアルは通信速度に見合った通信用クロックを必要とします。6850の通信用クロックはTTLレベルの方形波で、電圧や波形に特段の配慮がいりません。『アプリケーションマニュアル』の具体例はモトローラの発振回路付きカウンタ、MC14411で8種類の通信用クロックを生成しています。通信速度がひとつに決まっていれば、普通の発振器で大丈夫です。

通信用クロックの周波数は通信速度の16倍です。パソコンの通信ソフトは、通信速度の既定値がたいてい9600ビット/秒なので、そのまま使えるように、その16倍の153.6kHzを供給することにします。発振器はマイクロチップテクノロジーのPIC12F1822で作ります。6800のクロックを生成できたのだから、通信用クロックを生成するくらいは簡単です。

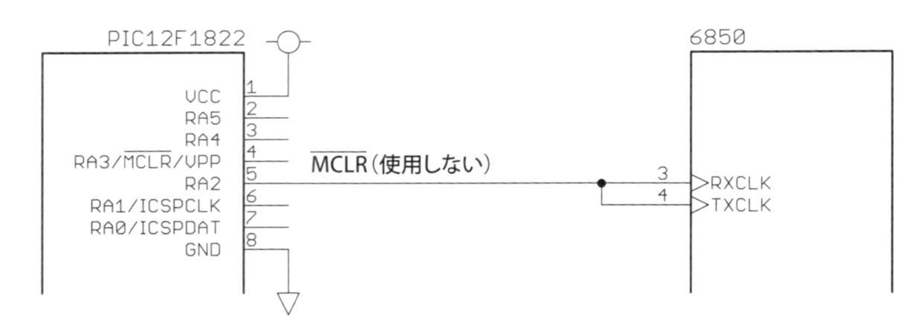

PIC12F1822で生成した通信用クロックを6800に接続する実例

❶PIC12F1822で6850の通信用クロックを生成するプログラム

```
/*
   153.6kHz baud rate generator
   Device: PIC12F1822
   Compiler: XC8
*/

#include <xc.h>                     //ヘッダの取り込み

#pragma config FOSC = INTOSC        //内蔵クロックジェネレータを使用
#pragma config WDTE = OFF           //ウォッチドッグタイマを使用しない
#pragma config MCLRE = ON           //外部リセットを使用
#pragma config CLKOUTEN = OFF       //クロックを外部へ出力しない
#pragma config PLLEN = ON           //PLLを使用

void main(){
   OSCCON = 0b01110000;             //発振周波数を32MHzに設定
   OSCTUNE = 63;                    //発振周波数を微調整
   ANSELA = 0;                      //汎用ポートをデジタルに設定
   nWPUEN = 0;                      //汎用ポートのプルアップを有効に設定
   TRISA  = 0b11111011;             //汎用ポートの入出力方向を設定

   CCP1CON = 0b00001100;            //PWMモードを選択
   PR2 = 51;                        //周期を51クロックに設定
   CCPR1L = PR2 / 2;                //Hの期間を半周期に設定
   T2CON = 0;                       //タイマ2を最速に設定
   TMR2ON = 1;                      //タイマ2の動作を開始

   while(1);                        //無条件ループ
}
```

PIC12F1822は標準のPWMモードで通信用クロックを生成することができます。ただし、周波数が153.6kHzに合いません。そこで、いちばん近い156.9kHzに設定しておいて、PIC12F1822の発振周波数を微調整します。プログラムを書き換えては実測し、ぴったり153.6kHzに合わせました。こんなことができるマイコンは、そうたくさんは見当たりません。

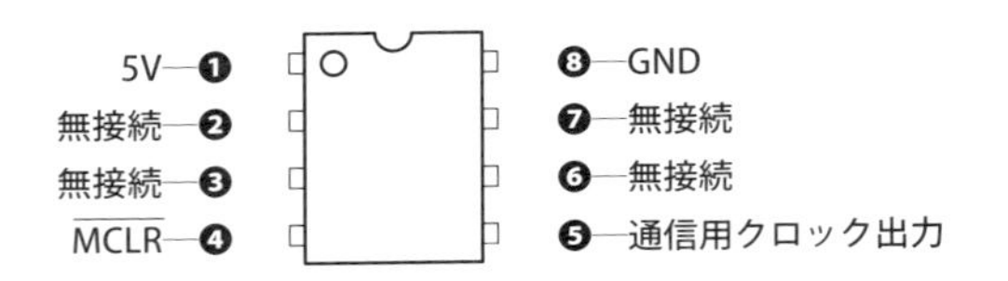

PIC12F1822を応用した発振器のピン配置

PIC12F1822は発振周波数が較正されており、微調整の効き具合も一様ですから、個別の再調整がいりません。手っ取り早く済ませたい人は、本書のサポートページでインテルHEX形式のファイル、osc1536.hexを入手し、PIC12F1822に書き込んでください。そのPIC12F1822は、正確な153.6kHzを出力する、小型で安価な発振器とみなすことができます。

6800シングルボードコンピュータの製作

以上の断片的に紹介した回路を全部つなぐと、6800と6850とROMとRAMから成る、機能的にほぼSWTPC6800並みのコンピュータが出来上がります。試作機よりICがふたつ余計になりますが、ネットのプリント基板製造サービスで両面のプリント基板を起こし、同じサイズに組み立てました。名前があると便利なので、これをSBC6800と呼びます。

『ラジオエレクトロニクス』だったら、このあたりにプリント基板の販売に関する告知が入るところです。本書は、そこまではやりませんが、かわりにガーバーデータ（プリント基板製造用データ）と部品表と回路図を公開します。SBC6800を作ってみたい人は、本書のサポートページで『SBC6800技術資料』を入手し、その説明にしたがってください。

プリント基板製造サービスは、外形線の加工などがいくらか荒っぽいことを我慢すれば、海外へ注文して10枚2500円（送料込み）くらいで済ませられます。外国語が苦手な人のために海外への注文を仲介してくれ

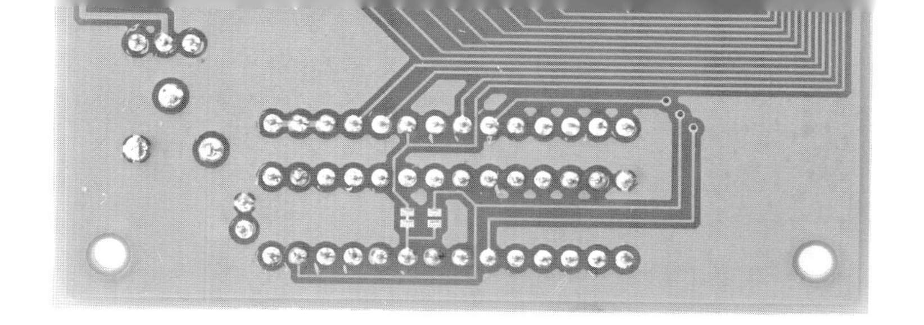

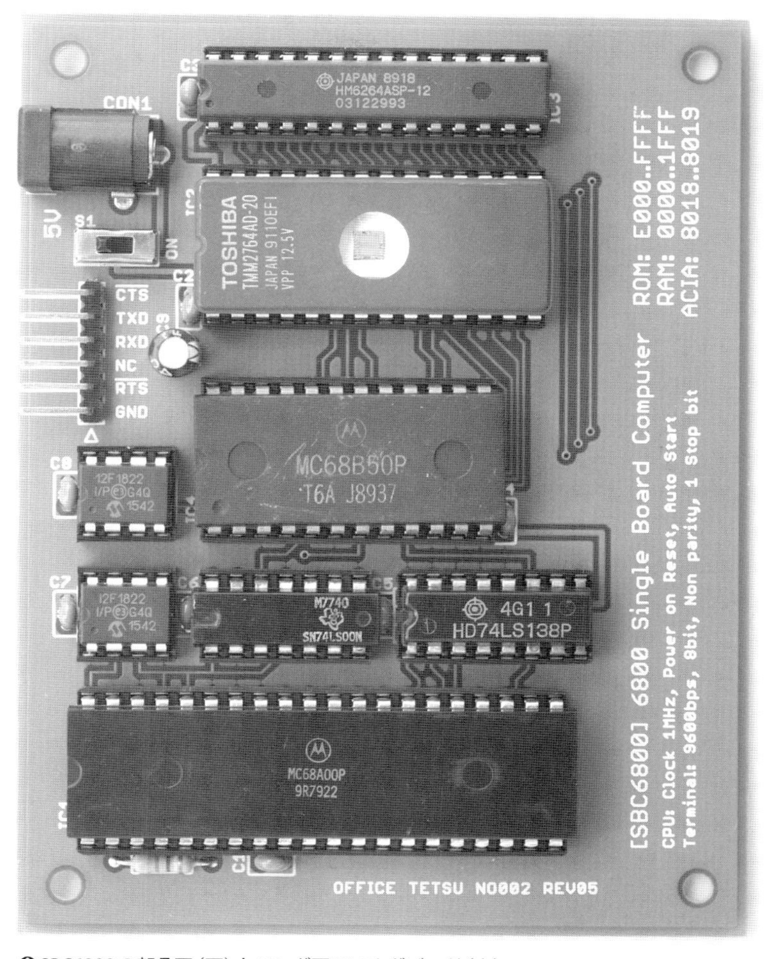

⬆SBC6800の部品面（下）とハンダ面のソルダパッド（上）

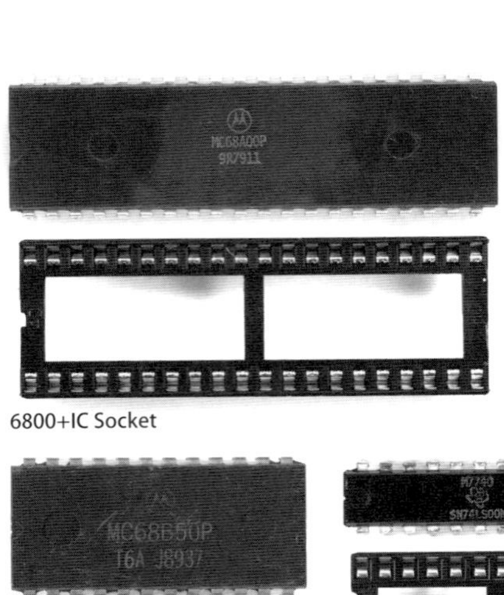

6800+IC Socket

2764+IC Socket

7400+IC Socket

6264ASP+IC socket

4.7kΩ/0.25W

6850+IC Socket

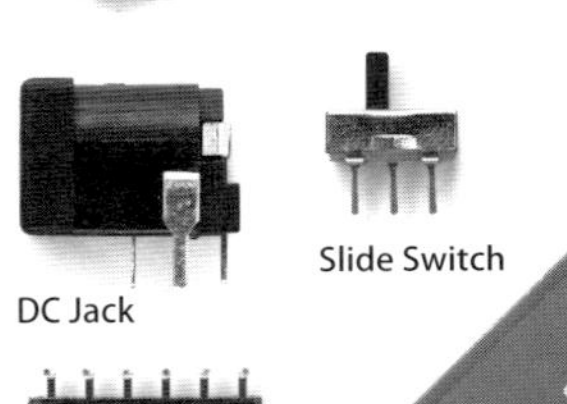

DC Jack

Slide Switch

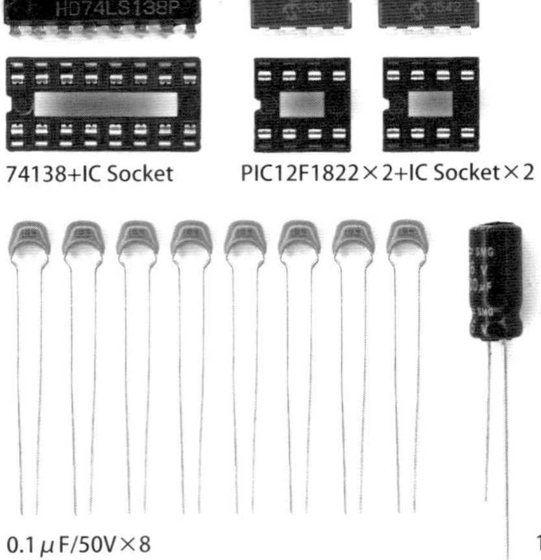

74138+IC Socket

PIC12F1822×2+IC Socket×2

Pin Header

0.1μF/50V×8

100μF/16V

SBC6800を構成する部品(製作例は一部の部品が同等品です)

⬆実例で使用したACアダプタ、昌隆科技のGF12-US0520

る部品店もあります。『SBC6800技術資料』は、日本のスイッチサイエンスに注文して中国のSeeedで製造する具体例を紹介しています。

SBC6800は、多くのプリント基板製造サービスが特価で受け付けるサイズに収めるため、電源をACアダプタからとることにして、電源まわりを簡略化しました。ACアダプタは、電圧が5V、電流が2A以上で、急激な負荷の変動に耐え、安定して動作しなければなりません。実例のACアダプタは秋月電子通商で販売している昌隆科技のGF12-US0520です。

DCジャックは口径が一般的な2.1mmですが、脚は一般的でない丸脚です。よく使われる平脚のDCジャックは、プリント基板に長孔を開けることになり、特殊加工の指示書が必要ですし、ことによっては追加料金が発生します。丸脚なら、そういう面倒がありません。実例のDCジャックは秋月電子通商で販売している4UCONテクノロジーの18742です。

↑日立製作所のHD468A00P（上）とHD63A50P（下）

注文したプリント基板に部品を取り付けたら終わる工程で唯一の難関がIC探しです。常識的には絶滅したはずのICを買い揃えるのですから、すんなりいくとは限りません。実をいうと卸会社は希少なICを十分に在庫しており、一般に流通させてもらえないか交渉中です。こうした働き掛けは今後も継続し、成果を『SBC6800技術資料』の内容に反映します。

差し当たり、今できる普通の買いかたを紹介しておきます。6800はオリジナルが若松通商にあります。6850のほうは同等品しか流通していません。若松通商は日立製作所のHD63A50Pをある程度、在庫しています。これを買うなら6800も同社のHD468A00Pにすると外観が揃います。若松通商は、もし売り切れたとしても再入荷する可能性があります。

SRAMはプリント基板のサイズの都合で6264ASP（6264のスリムタイプ）を使っています。これは、大量に出回ったり唐突に姿を消したりする不思議なICです。現状ではサンエレクトロに少量の在庫があります。売り切れてしまったら、1箇月ほどあと、また探してください。6264ASPだけが入手できないという場合には、次のような奥の手を用意しています。

SBC6800のプリント基板はハンダ面にふたつのソルダパッドがあります。その接続しているほうを切断し、離れているほうをハンダブリッジすると、6116ASP/同ALSPに対応します。6264ASPが28ピンなのに対し、これらは24ピンですから、ICソケットのインデックス側を空けて挿します。容量が2Kバイトに減りますが、そこは我慢してください。

6116ASP/同ALSPは流通在庫が豊富です。若松通商、丹青通商、マルツパーツ館、ニック電子などで見付かることでしょう。それで動かしておいて、そうこうしているうちにどこかで6264ASPが見付かったら、ソルダパッドを元に戻して挿し替えます。元に戻すには、ハンダブリッジしたほうのハンダを吸い取り、切断したほうをハンダブリッジします。

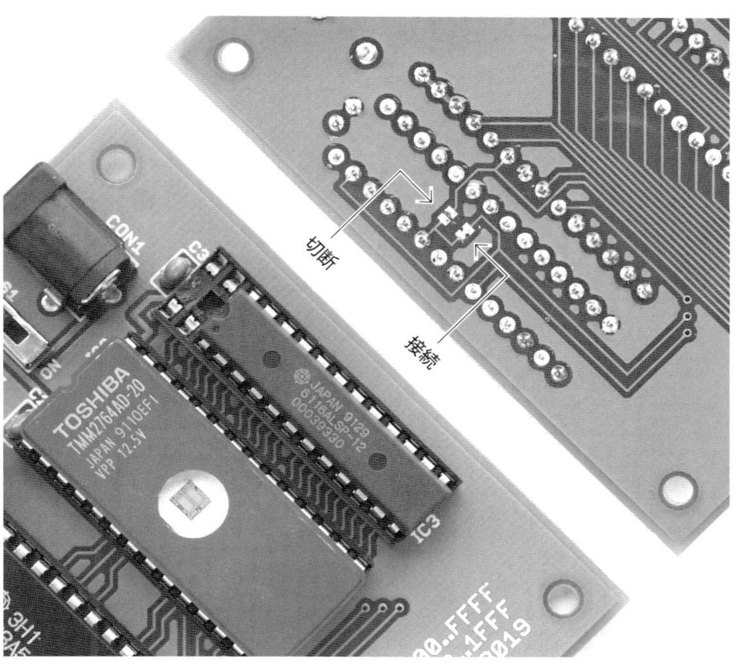

⬆SBC6800に6116ALSPを取り付けた例

EPROMは紫外線消去型の2732、2764、27128、27256と電気的消去可能な2864、28256が使えます。設計上の想定は2764または2864です。想定より4ピン少ない2732は、ICソケットのインデックス側を空けて挿します。容量が8Kバイトを超える製品は下位の8Kバイトだけが有効です。これらは入手が容易で、とりわけ紫外線消去型は、どこにでもあります。

EPROMの書き込みには書き込み装置が必要です。紫外線消去型だと、さらにイレーサも必要です。これらを持っていない場合、部品店で探すより、Amazonを検索するほうが安価で使い勝手のいい商品が見付かります。予算に余裕がなければ、ネットの情報を参考にして自作するか、ネットの個人向けEPROM書き込みサービスを利用してください。

SBC6800のアドレス空間は、先頭の8KバイトがRAM、末尾の8KバイトがROMになります。したがって、SBC6800のプログラムは変数と作業領域を先頭の8Kバイトに配置し、本体と定数を末尾の8Kバイトに配置

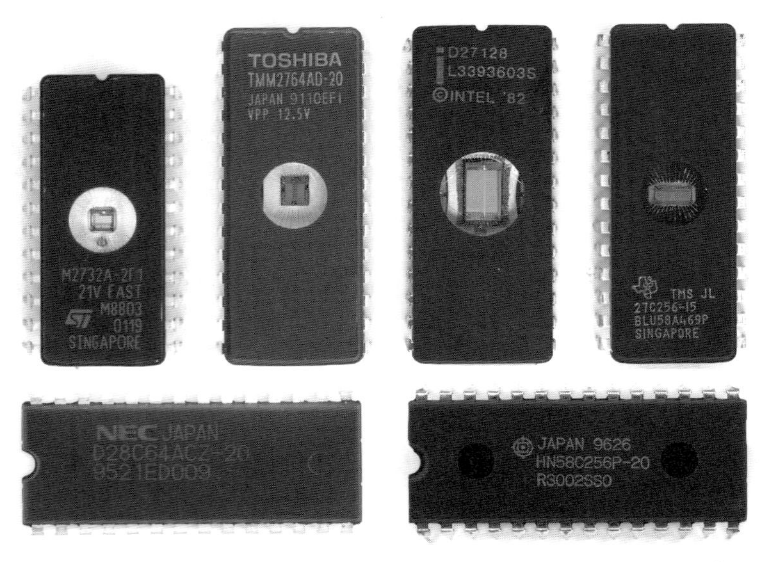

⇧上左から2732、2764、27128、27256、下左から2864、28256（型番表示は58C256）

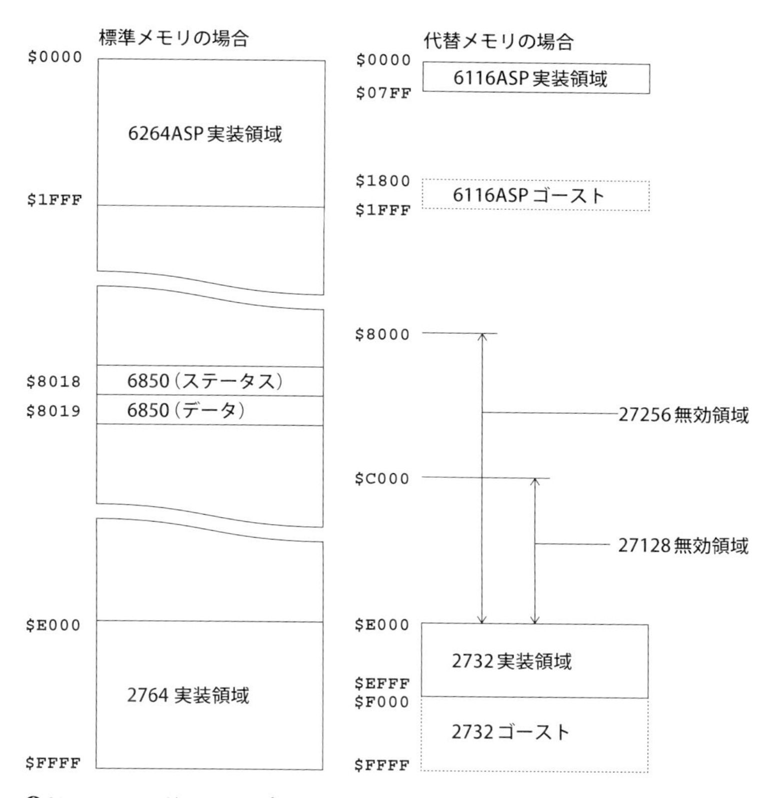

SBC6800のアドレスマップ

します。ROMに書き込むのは、本体と定数です。ROMが2764なら$E000から書き込みます。27128は$C000、27256は$8000から書き込みます。

設計上の想定より4ピン少ない6116ASP/同ALSPや2732は複数のアドレスで読み書きができてしまう、いわゆるゴーストが出ます。これは、むしろ好都合です。たとえば2732は、本来、リセットベクタを書き込むことができませんが、2Kバイトに満たないプログラムなら、$E000から書き込んだあと$F000から重ね書きすることで正しくリセットします。

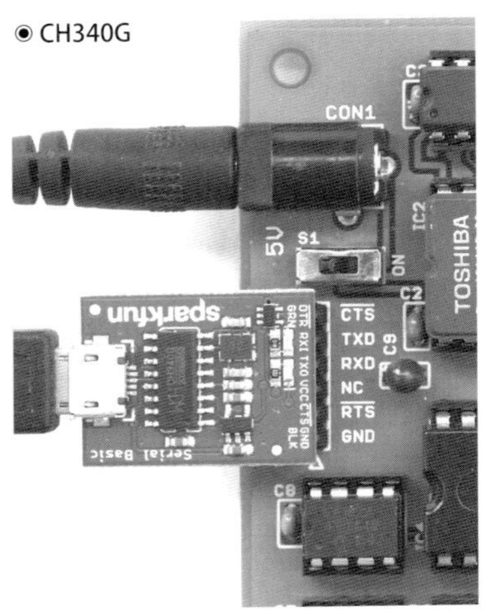

⬆SBC6800にACアダプタとUSB/シリアル変換ケーブルを取り付けた状態

シリアルの信号はプリント基板の一辺に取り付けた6ピンのピンヘッダに引き出しました。シルク印刷は6850から見た信号の名前で、電圧はTTLレベルです。わかりやすくいうと、FTDIのUSB/シリアル変換ケーブル、TTL-232R-5Vが直接つながります。TTL-232R-5Vのピン配置は業界標準となっているため、他社の製品も、たいていは直接つながります。

TTL-232R-5Vは秋月電子通商で購入しました。申し分のない使い勝手ですが、やや値段が張ります。そこで、もうひとつ、安価に出回っているSparkFunのCH340G搭載USB/シリアル変換アダプタを試しました。この製品はソルダパッドを加工して信号電圧を5Vに変更しなければなりません。そのひと仕事が済めば、ピンヘッダに直結して快適に使えます。

パソコンでは端末ソフトを動かします。実例はWindows10のもとでTeraTermを動かしています。TeraTermはDECのビデオ端末（初期値はVT-100）をエミュレートします。加えて、表示をファイルに保存したりファイルの文字列を送信したりする機能があり、古いプログラムを動かしてみるとき、これを紙テープ装置のかわりに使うことができます。

⊕端末と文字をやり取りするテストプログラム

SBC6800の設計に誤りがないことを確認するため、端末と文字のやり取りをする、簡単なテストプログラムを動かしてみます。簡単すぎて小さな誤りだと動いてしまいそうなので、もうひとつ割り込みで受信するテストプログラムも書いたのですが、複雑すぎて掲載し切れません。こちらは、必要に応じ、本書のサポートページから入手してご覧ください。

テストプログラムは、SBC6800でうまく動いたらもう用なしというわけではありません。かつてMITSのAltair680やSWTPCのSWTPC6800のために書かれたプログラムは、端末を制御している部分だけ差し替えれば、SBC6800でも動く可能性があります。差し替える記述は、テストプログラムのサブルーチンを大筋でそのまま流用することができます。

アセンブリ言語のプログラムは、ほぼすべての行が6800のレジスタを操作します。6800は5本のレジスタとフラグを持ちますが、プログラムによく記述されるのはAとBとXです。レジスタAとBは、8ビットのデータの一般的な処理に使います。レジスタXは、アドレスを転送しておいて、処理の対象を指し示す方法のひとつとして使うことができます。

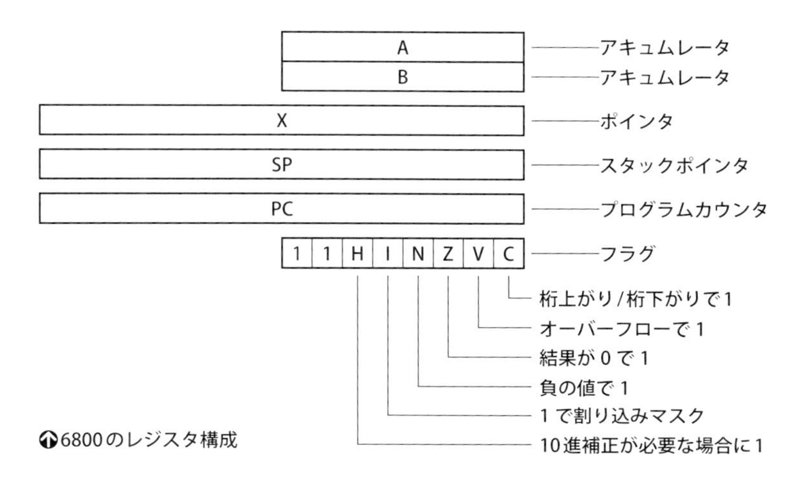

⬆6800のレジスタ構成

スタックポインタは、できるだけ早い段階で、スタックトップを指し示すように設定します。あとは、サブルーチンの呼び出し/終了命令や退避/復帰命令が勝手に操作します。プログラムカウンタは分岐命令が勝手に操作します。命令の実行により特徴的な事象が生じた場合はフラグに記録され、条件分岐命令が分岐するかどうかを決める材料となります。

端末は6850のレジスタで制御します。最初にステータスレジスタへしかるべき値を書き込んで動作のしかたを設定します。送受信の際には、ステータスレジスタを読み出して下位2ビットを調べ、実行可能な状態となるのを待ちます。実行可能な場合、送信するデータはデータレジスタへ書き込み、受信したデータはデータレジスタから読み出します。

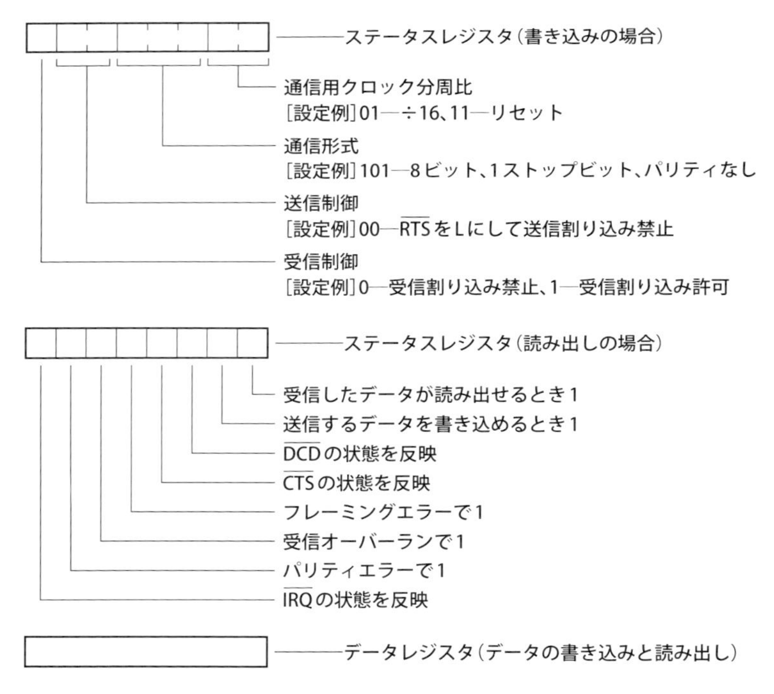

↑6850のレジスタ構成(値は2進数)

❹端末と文字のやり取りをするテストプログラム

```
*       ECHOBACK TEST
*       BY POLLING
*
*       ADDRESS
ACIACS  EQU     $8018           6850のステータスレジスタの定義
ACIADA  EQU     $8019           6850のデータレジスタの定義
STACK   EQU     $1FFF           スタックトップの定義
        ORG     $E000           プログラムをROMの先頭から配置
*
*       POWER ON SEQUENCE
START   LDS     #STACK          スタックポインタをスタックトップに設定
*
*       ACIA INITIALIZE
        LDAA    #$03            Aにリセットコードを転送
        STAA    ACIACS          Aの値をステータスレジスタに転送
        LDAA    #$15            Aに通信形式を転送
        STAA    ACIACS          Aの値をステータスレジスタに転送
*
*       ECHOBACK TEST
        LDX     #MESG           Xに文字列の先頭アドレスを転送
        JSR     PDATA           文字列出力サブルーチンの呼び出し
LOOP    JSR     INCH            1文字入力サブルーチンの呼び出し
        JSR     OUTCH           1文字出力サブルーチンの呼び出し
        BRA     LOOP            LOOPへ分岐
*
*       INPUT CHAR              1文字入力サブルーチン
INCH    LDAA    ACIACS          Aにステータスレジスタの値を転送
        ASRA                    Aの値を右にシフト
        BCC     INCH            もし桁下がりが出たらINCHに分岐
        LDAA    ACIADA          Aにデータレジスタの値を転送
        RTS                     サブルーチンを終了
*
*       OUTPUT CHAR             1文字出力サブルーチン
OUTCH   LDAB    ACIACS          Bにステータスレジスタの値を転送
        ASRB                    Bの値を右にシフト
        ASRB                    Bの値を右にシフト
        BCC     OUTCH           もし桁下がりが出たらOUTCHに分岐
        STAA    ACIADA          Aの値をデータレジスタに転送
        RTS                     サブルーチンを終了
```

```
*
*       OUTPUT STRING           文字列出力サブルーチン
PDATA   LDAA    0,X             Xが指し示す文字をAに転送
        BEQ     EXIT            もし文字が0ならEXITへ分岐
        JSR     OUTCH           1文字出力サブルーチンの呼び出し
        INX                     Xの値をひとつ増やす
        BRA     PDATA           PDATAへ分岐
EXIT    RTS                     サブルーチンを終了
*
*       MESSAGE
MESG    FCB     $0D,$0A         改行
        FCC     'ECHOBACK '     「ECHOBACK」
        FCC     'TEST'          「TEST」
        FCB     $0D,$0A         改行
        FCB     $00             文字列の終端
*
*       VECTOR
UUINT   RTI                     誤動作防止用の割り込み終了命令
        ORG     $FFF8           $FFF8から配置
        FDB     UUINT           割り込みベクタ
        FDB     UUINT           ソフトウェア割り込みベクタ
        FDB     UUINT           マスク不能割り込みベクタ
        FDB     START           リセットベクタ
        END
```

文字列はROMに並べ、終端はC言語の流儀にならって$00を置きました。モトローラのプログラム（たとえばMikbug）は、終端をASCIIの定義にしたがい$04としています。処理の手順として合理的な値は$00です。レジスタに$04を転送してもフラグが変化しませんが、$00を転送するとZフラグが立ち、BEQ命令で終端の処理へ移ることができます。

文字列の表示は、文字をひとつずつ拾っては送信する動作を繰り返します。文字のアドレスはレジスタXで指し示し、ひとつ拾うごとに値を増やして次の文字へ進めます。これは、レジスタXの典型的な使いかたです。レジスタXが指し示す位置はオフセットを付記して少しズラすことができますが、現実にその方法は、ほとんど使われた例がありません。

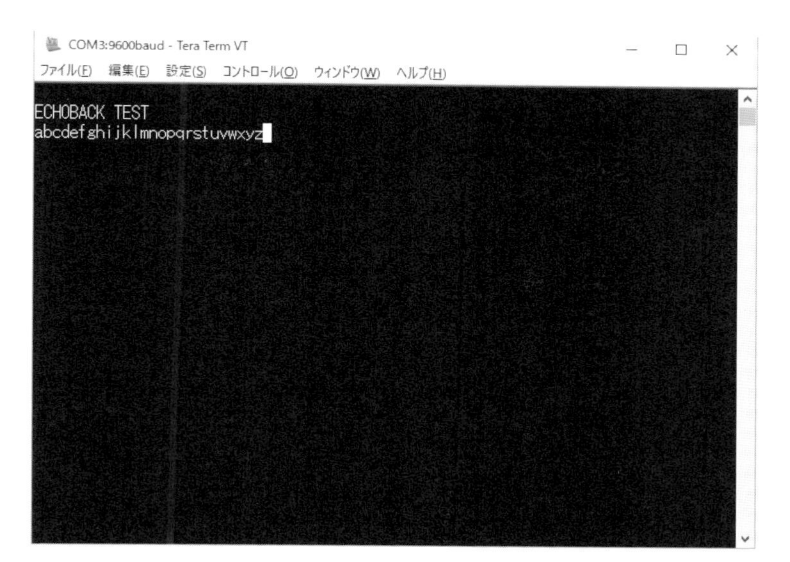

⬆テストプログラムの実行例

テストプログラムがうまく起動すると、最初に「ECHOBACK TEST」と表示し、以降、入力した文字をエコーバックします。まさしくそのとおりに動作し、SBC6800の設計に誤りがないことを確認できました。ここに至る工程は、何もかも順調だったといったら言い過ぎですが、絶望的な大問題には直面しませんでした。当時の技術者たちも同じでしょう。

その後、ROMやRAMを挿し替えて、使用可能だと紹介したすべての製品が実際に使用可能なことを確認しました。設計上の想定より容量が小さい2732や6116ASP/同ALSPも、テストプログラムを書き換える必要がありません。2732のリセットベクタや6116ASP/同ALSPのスタックトップは、目論みどおり、ゴーストでうまく動いてくれました。

3 プログラムの再現

［第2章］
伝説の真実

⊕ SBC6800版Mikbugの制作

古い資料に記録されたコンピュータの名機は、現在だと、もはや想像の世界で出会うか、せいぜい博物館のガラス越しに眺めることしかできません。そこへいくとプログラムは、やりかたによって、実物に触れることができます。幸い、手もとにSBC6800があります。これから、1970年代に6800で動いたプログラムの傑作を、順次、再現していくことにします。

6800で最初に動いたプログラムはMikbugというモニタです。Mikbugはモトローラの評価部門にいたマイク・ワイルズが書き、初版はTTLで組み立てた6800のテストに使われました。それをもとに明らかなバグのみ修正したリビジョン009が、ROM（6830）に収めて6800と同時に発売されました。推測ですが、名前の由来は「マイクが書いたバグ」でしょう。

Mikbugのマニュアルはリスティング（アセンブリ言語のソースに機械語を併記したもの）を掲載しています。そのうちのソースを書き写し、SBC6800の構造に合わせて修正します。大きな修正を必要とするのは端末まわりです。SBC6800が6850を介してパソコンの端末ソフトと接続するのに対し、Mikbugは6820を介してテレタイプライタと接続します。

テレタイプライタは電動タイプライタに紙テープ装置を追加した恰好の端末です。主役は電動タイプライタで、脇役の紙テープから読み出すときはMikbugが経路の切り替え信号を出力します。紙テープへ書き込むときは先頭と末尾に余白を追加します。これらの信号は、パソコンの端末ソフトを誤動作させかねないため、取り除いておくことにします。

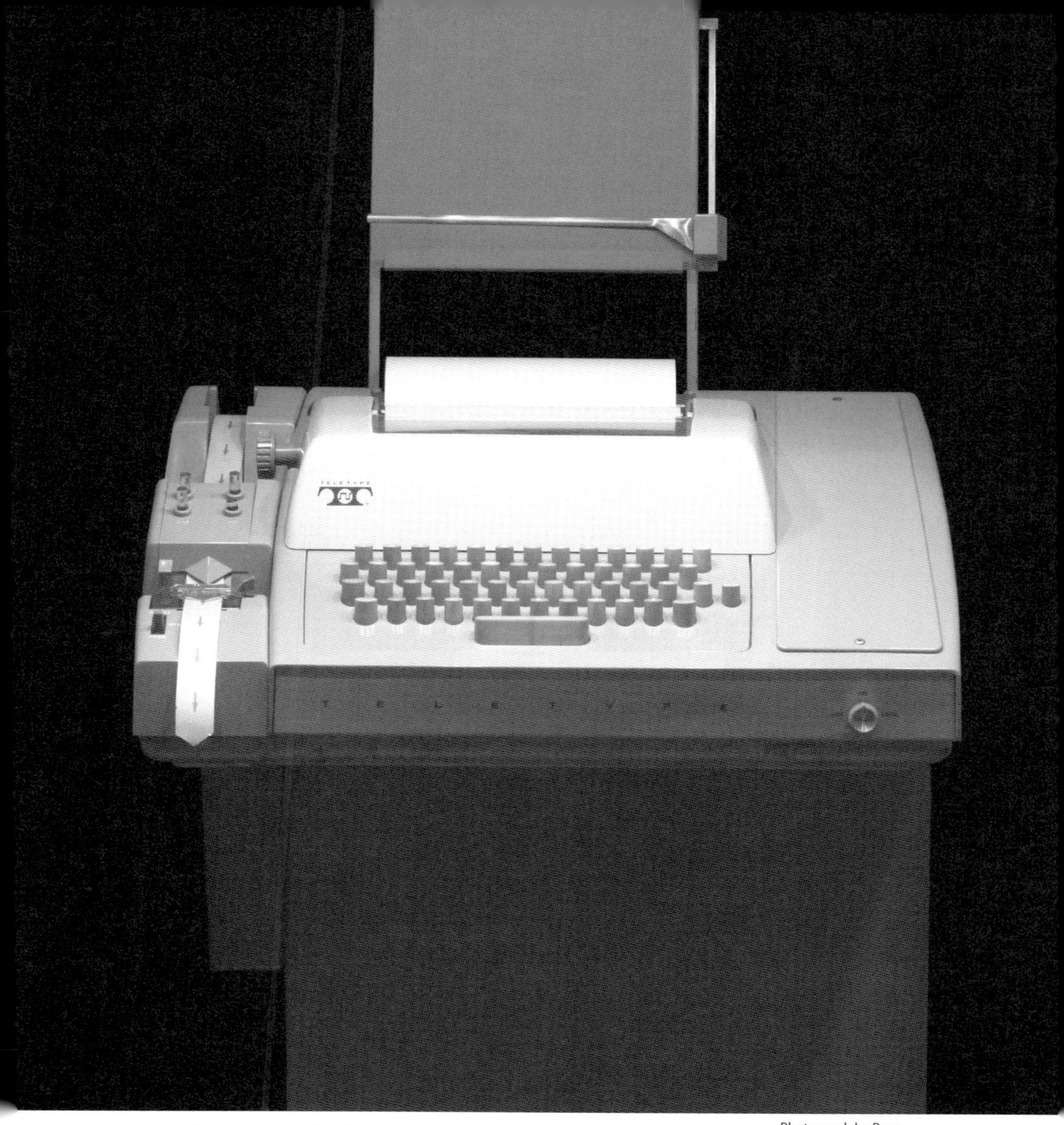

↑1970年代の代表的なテレタイプライタ、テレタイプのASR33

Photograph by Rama

テレタイプライタのインタフェースはシリアルです。6850を使えば簡単に作れると思うのですが、Mikbugは6820でエミュレートしています。Mikbugの初版を書いた時点で6850が影も形もなかったせいでしょう。いずれにしろ、6850を使ったSBC6800とは構造が大きく異なるため、インタフェースに関係する記述は全面的に差し替える必要があります。

困ったことに、Mikbugのソースは修正しやすく書かれておらず、これらハードウェアの構造に依存する処理が、ほうぼうに散らかっています。マニュアルはMikbugをハードウェアに合わせるつもりがなく、熱心に説明しているのはもっぱらMikbugに合わせたハードウェアの作りかたです。ROMに収まったプログラムなので、それが当然かもしれません。

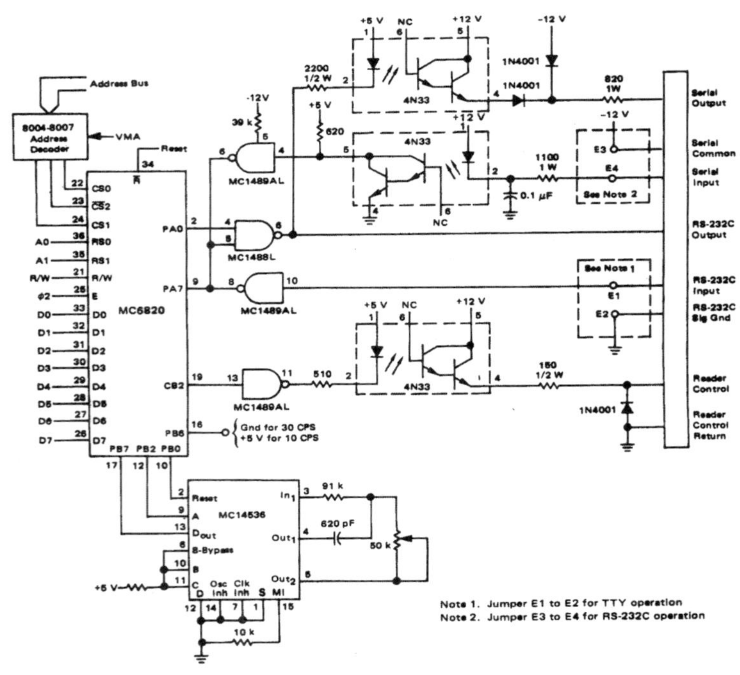

⬆Mikbugが動作の前提とする端末のインタフェース（マニュアルより転載）

⊕SBC6800にMikbugを取り付けた状態

救いはサイズがたったの512バイトで、全体に目をとおしたとしても大した手間にならないことです。実際、そういうやりかたで、どうにか修正を成し遂げました。SBC6800で動くMikbugは本書のサポートページで公開しています。この作業のおかげで、Mikbugの仕組みを隅々まで把握しましたし、マイク・ワイルズのヘタウマ的な作風を堪能できました。

⊕ SBC6800版Mikbugの構造

Mikbugはプログラムを動かしてみるためのプログラムです。たとえば、RAMの空き領域にプログラムを置き、試験的に実行し、停止してレジスタの値を調べ、正しく動いていると判断したら紙テープに記録します。操作性は最悪です。実行開始アドレスや紙テープに記録する範囲は、Mikbugが RAMに割り当てた変数へ、直接、書き込んでおく方式です。

このような性格から、Mikbugを使う上では少なくとも次の2点を知っておかなければなりません。第1にプログラムを置いていいRAMの空き領域、第2にMikbugがRAMに割り当てた主要な変数の位置です。ROMに収まっていてソースの修正などさらさら考えていないMikbugが、マニュアルにリスティングを掲載しているのはそのためです。

SBC6800のRAMはアドレス空間の先頭にあり、そのうちの$0000～$1EFFが空き領域です。この位置はSWTPC6800に4Kバイトのメモリボードを取り付けたときの空き領域と先頭が一致し、容量が上回ります。ですから、もしSWTPC6800のために紙テープで提供されたプログラムがまだどこかに存在したら、それはSBC6800で動く期待が持てます。

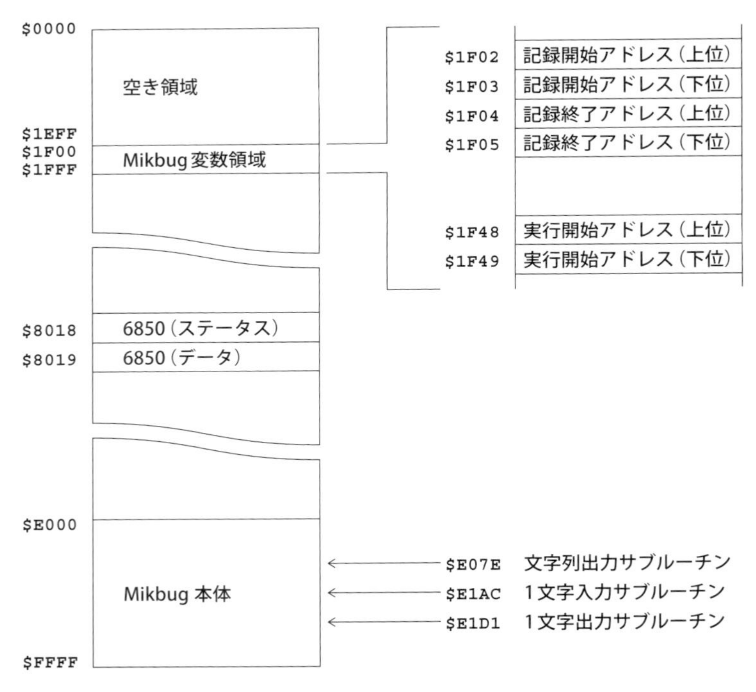

SBC6800版Mikbugの主要なアドレス

Mikbugの変数は$1F00以降に割り当てています。たとえば、実行開始アドレスは$1F48から2バイト、紙テープに記録する範囲は$1F02から4バイトに書き込みます。ほかにも知っておくと役に立つ変数がありますが、ひとつひとつ紹介したらキリがありません。Mikbugはリスティングを読み解こうと努力した人に対して、より献身的に働くプログラムです。

6264ASPにかえて6116ASP/同ALSPを取り付けた場合、容量が減って、空き領域は$0000 ~ $06FFになります。しかし、変数は6264ASPと同じく$1F00以降にあると考えて差し支えなく、プログラムを実行したり紙テープに記録したりする手順は共通です。これは、ICソケットのインデックス側を空けて挿すやりかたのマジックです(ゴーストです)。

Mikbugの本体はEPROMに書き込んでオリジナルと同じ$E000から配置しています。端末まわりを修正した結果、サイズが42バイト減りましたが、サブルーチンの呼び出し位置がズレないように、空きをNOP命令で埋めました。そうまでしてオリジナルと似せる理由は、Mikbugが、当時、6800で動くコンピュータの実質的なOSとなっていたからです。

MikbugはMEK6800D1やEXORciserやSWTPC6800など多くのコンピュータに採用されました。そのもとで動くプログラムは、端末を制御するもっとも簡便な方法として、たいがいMikbugのサブルーチンを呼び出しました。端末の正体が何であれ、Mikbugの見掛けがオリジナルと似ていれば、当時のプログラムがSBC6800で動く可能性を高めます。

⊕ 端末に「HELLO, WORLD」を表示するプログラム

Mikbugの実態を知るため、誰が書いても間違えようがない、ごく簡単なプログラムを題材に、ひととおりのコマンドを使ってみます。プログラムは、通例にしたがい、端末に「HELLO, WORLD」を表示するものとします。由緒正しい表示は「hello, world」ですが、それは無理です。テレタイプライタは、キーボードにも印字ヘッドにも小文字がありません。

❶端末に「HELLO, WORLD」を表示するプログラム

```
*       HELLO WORLD
*
PDATA1 EQU   $E07E              Mikbugの文字列出力サブルーチン
*
*       CODE
        ORG   $0100             プログラムを$0100から配置
START  LDX   #MESG              Xに文字列の先頭アドレスを転送
        JSR   PDATA1            文字列出力サブルーチンの呼び出し
        SWI                     ブレークポイント
*
*       DATA
MESG    FCB   13,10             改行
        FCC   'HELLO, WORLD'    「HELLO, WORLD」
        FCB   13,10,4           改行とEOT
        END
```

始めにMikbugのもとで動くプログラムの決まりごとをまとめておきます。プログラムはRAMの空き領域のどこに置いてもかまいません。通例では、実行開始アドレスを$0100とします。終了するときには$E0E3へ分岐するかSWI命令を実行します。$E0E3へ分岐するとMikbugに戻ります。SWI命令だと、全レジスタの値を表示して、Mikbugに戻ります。

端末の制御にはMikbugのサブルーチンを使うことができます。たとえば、文字列の出力は$E07Eを呼び出します。この場合、文字列の末尾にEOT（$04）を置き、先頭をレジスタXで指し示します。C言語を使い慣れた人は末尾がNUL（$00）でないのがヘンな感じでしょうが、ASCIIの定義だと、こちらのほうが正式な文字列の末尾（End Of Text）です。

6800のアセンブラは、ソースから機械語を生成し、モトローラS形式の文字列で、（現在だと）拡張子Sのファイルに記録します。モトローラS形式は、最終行が「S9」と実行開始アドレス（指定しなければ$0000）などですが、Mikbugは「S9」しか理解しません。そこで、拡張子Sのファイルを「メモ帳」などのエディタで開き、「S9」より後ろを削除しておきます。

⬆モトローラS形式の文字列を修正する操作例

Mikbugは起動するとすぐプロンプト「*」を表示します。起動メッセージはありません。もし「MIKBUG REV009」とでも表示したら、前後の改行とEOTを含めてメモリを18バイトも無駄にするというのが当時の感覚です。そのかわり、プロンプトになるべく奇抜な文字を使い、起動メッセージがなくても起動したプログラムがわかるように努めています。

⬆Mikbugが起動してプロンプトを表示した状態

❶Mikbugのコマンド

選択文字	コマンド	処理
[L]	Load	プログラムをRAMに読み込む
[G] [注]	Go to target program	プログラムを実行する
[M]	Memory change	RAMの内容を書き換える
[P] [注]	Punch	RAMのプログラムを書き出す
[R]	show Register's contents	全レジスタの内容を表示する

[注] Mikbugの変数に関連の情報を書き込んでから選択します

Mikbugは英字1字で選択される5種類のコマンドを備えます。プロンプトに入力できるのはコマンドとそれが認める引数だけです。無効な文字を入力すると、改行して再びプロンプトを表示します。エラーメッセージはありません。それは盛大なメモリの浪費ですし、テレタイプライタがいちいちミスを指摘していたら用紙とインクリボンが持ちません。

Lコマンドはモトローラ S形式の文字列で記録された機械語をRAMに置きます。[L]キーを押すと、本来は紙テープ装置が自動的にスタートするのですが、パソコンの端末ソフトだと拡張子Sのファイルを送信する必要があります。Windows10のTeraTermなら、[ファイル]→[ファイル送信]と選択し、ファイルチューザで当該のファイルを指定します。

紙テープのかわりにファイルを送信する影響で次のような問題が生じます。送信中、モトローラ S形式の文字列は同一行に重ねて表示され、経過を確認するのが困難です。万が一、途中に書式の違反でもあろうものなら、もっとたいへんです。Lコマンドは「?」を表示して終了しますが、ファイルは引き続き無効な文字を送信し、表示がひどいことになります。

この問題はソースに数行を書き加えることで解決します。しかし、パソコンが存在しない時代のプログラムに端末ソフトの対策を書き加えることに抵抗を覚え、ほうってあります。大丈夫、6800のアセンブラがモトローラ S形式の文字列を書き間違えることはないはずです。Lコマンドが終了した時点で、表示の先頭が「S9」だったら送信に成功しています。

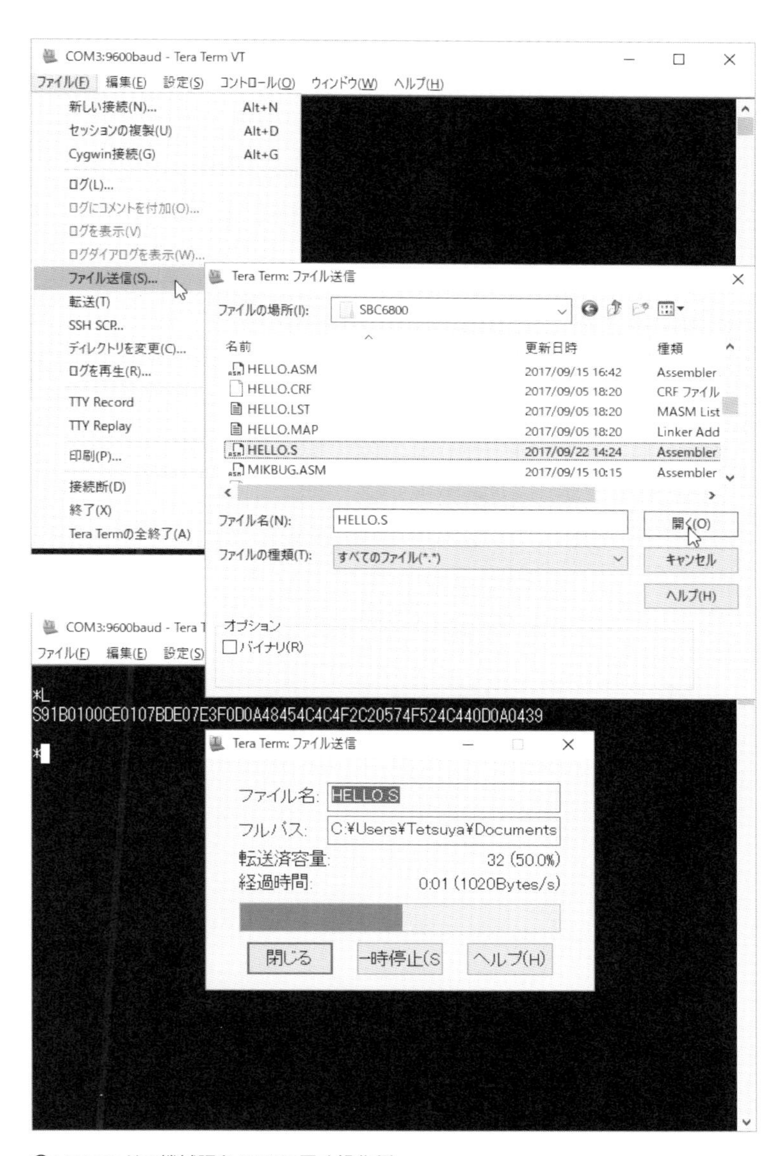

⊕Lコマンドで機械語をRAMに置く操作例

Gコマンドはプログラムを実行します。その仕組みは、意外にも、RTI命令がひとつあるだけです。RTI命令の観念的な働きは、割り込みを終了し、中断していたプログラムを再開することです。物理的な動作は、スタックポインタが指し示すアドレスから、順次、値を拾って各レジスタへ転送し、最後はプログラムカウンタに入ったアドレスへ分岐します。

便宜上、実行開始アドレスを書き込んでおくと説明される$1F48から2バイトは、実をいうとRTI命令がプログラムカウンタに入れる値のアドレスです。ほかのレジスタは、通常、値を問われませんが、必要なら所定のアドレスに初期値を書き込んでおきます。この仕組みにより、6800の状態を適切に設定した上で、プログラムを実行することができます。

まともなプログラマは、RTI命令をこんな風に使いません。Mikbugを書いたマイク・ワイルズは、6800の設計を評価する部門にいたせいで、観念的な働きにとらわれず、物理的な動作を直視したのでしょう。正直、Mikbugのソースの書きかたはひどいものですが、Gコマンドのくだりに限り、目的の機能を簡潔な手順で実現する、見事な命令さばきです。

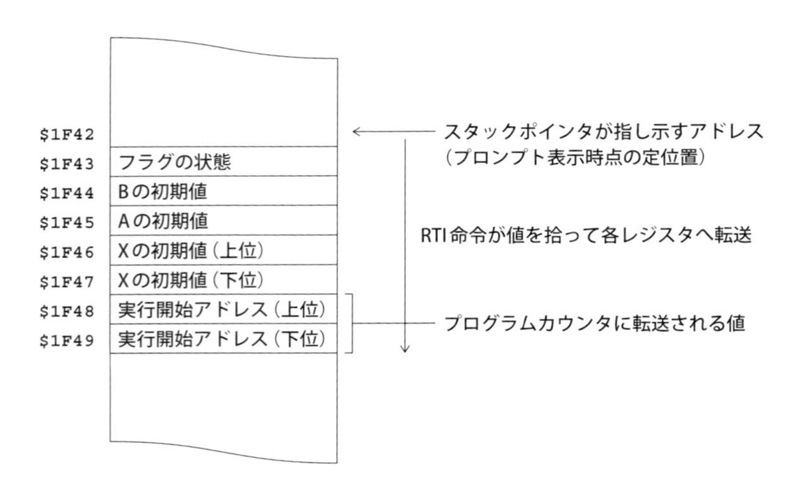

↑Gコマンドが RTI命令でプログラムを実行する仕組み

```
*M 1F48 ──────────────── [M]キーとアドレスで開始
*1F48 F0 _01[Enter] ──────── 空白と値と改行で書き換え
*1F49 00 [Enter] ─────────── 改行で現状のまま
*1F4A 08 _[Enter] ────────── 空白と改行で終了
*
```

⬆Mコマンドで RAM を書き換える操作例

Mコマンドは RAM に値を書き込みます。[M] キーに続いて書き込むアドレスを入力すると、そのアドレスと現在の値が表示されます。現在の値でよければ、ただ改行します。書き換えが必要なら、空白と新しい値を入れて改行します。どちらの操作も、次のアドレスへ進んで同じことを繰り返します。Mコマンドを終了するには、空白を入れて改行します。

題材のプログラムは、実行開始アドレスが$0100です。これを実行するには、Mコマンドで$1F48に$01、$1F49に$00を書き込んで、Gコマンドを選択します。[G] キーを押すと、確かに「HELLO, WORLD」と表示されました。少なくとも見掛けの動作は正常です。念のため、6800がどんな状態で終了しているのかを調べ、理屈と矛盾がないことを確認します。

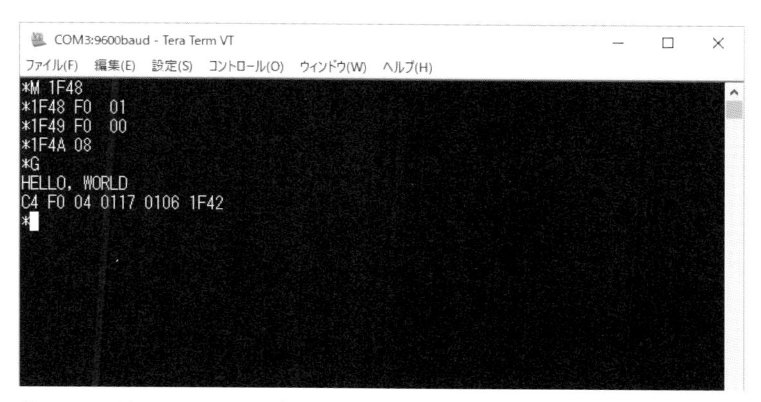

⬆Mコマンドと G コマンドでプログラムを実行する操作例

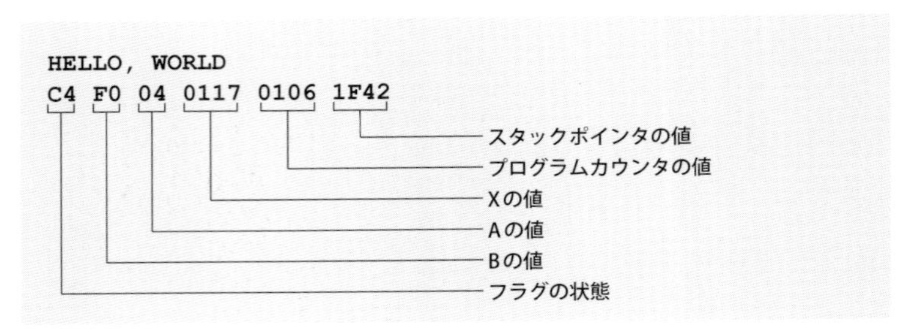

⬆全レジスタの値の表示と該当するレジスタ

題材のプログラムは末尾にSWI命令が置いてあるので、実行後、全レジスタの値を表示してMikbugに戻ります。それを見ると、レジスタAはEOTを保持し、フラグの状態はレジスタAの値とEOTが一致したことを表し、レジスタXはEOTの次を指し示して止まり、プログラムカウンタはSWI命令の位置にあります。つまり、すべてが理屈どおりです。

現実のプログラムが、このように1発で正しく動くとは限りません。誤動作したとき、原因を突き止めるため、SWI命令でブレークポイントを設定することができます。怪しい命令をSWI命令（$3F）に置き換えて実行すると、そこで中断して全レジスタの値を表示し、誤動作に至る手掛かりが得られます。問題を修正したら、SWI命令をもとの値に戻します。

Pコマンドは、こうしてRAMの上に完成したプログラムをモトローラS形式の文字列で記録します。事前にやるべきことがふたつあります。まず、Mコマンドで$1F02から4バイトに、記録する範囲を書き込みます。次に、パソコンの端末ソフトで記録先のファイルを指定します。こうしておいて[P]キーを押し、終了したら記録先のファイルを閉じます。

パソコンの端末ソフトがWindows10のTeraTermだと、記録先のファイルは、[ファイル]→[ログ]と選択し、ファイルチューザで指定します。以降、ファイルを閉じるまで、端末の表示は何もかも忠実に記録されます。モトローラS形式の文字列に加え、「P」やプロンプトまで記録されてしまうため、「メモ帳」などのエディタで開き、余計なものを削除します。

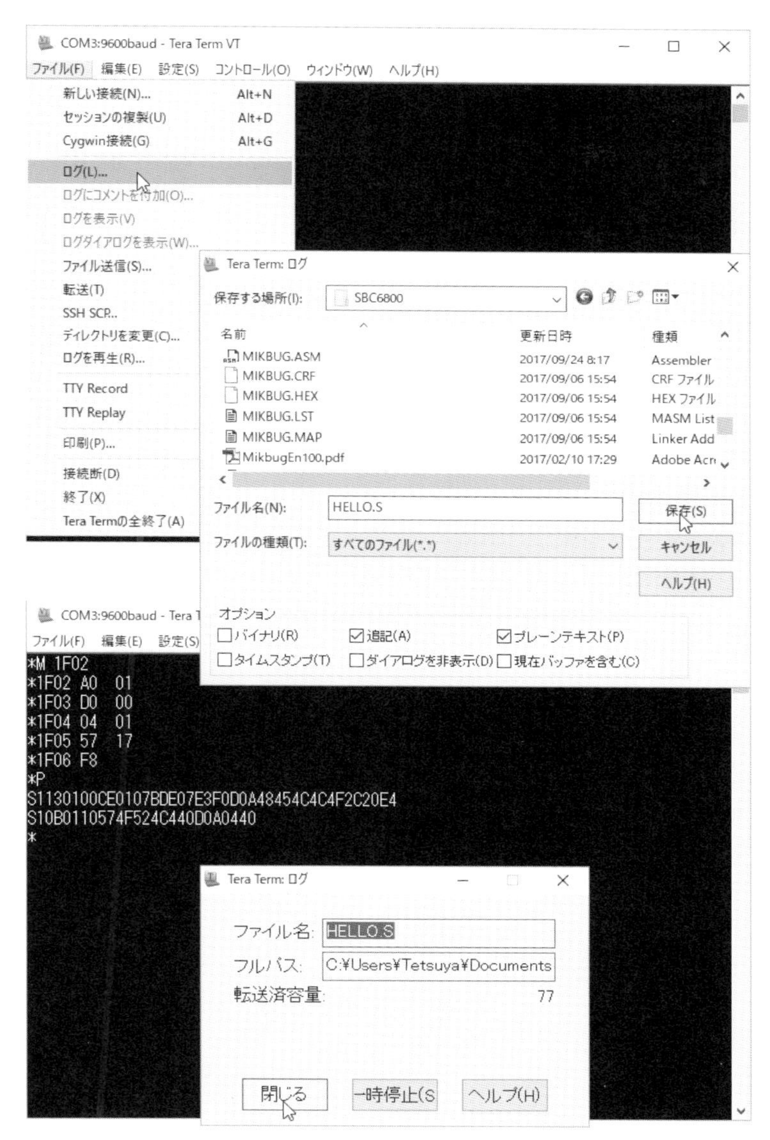

⬆Mコマンドと P コマンドでプログラムをファイルに書き出す操作例

⑪Pコマンドで記録したファイルを修正する操作例(修正を終えた状態)

記録先のファイルから余計なものを削除するついでに足りないものを追加しておきます。現実の作業では、複数の範囲を記録するかもしれないので、PコマンドはモトローラS形式の文字列の最終行にあるべき「S9」を記録しません。それは、全部の範囲を記録したあと、手作業で追加します。ファイルの末尾に「S9」の1行を書き加えてください。

以上のとおり、Mikbugの操作性は最悪です。しかも、機械語をソラでいえるくらいの知識を持っていないとろくに使いこなすができません。そして、小さな勘違いですぐ暴走し、リセットを余儀なくされます。しかし、ついこの間までプログラムをスイッチで入力し、LEDの点滅を見て動作確認していたことを思えば、素晴らしく便利なプログラムです。

⊕サイズが768バイトのインタプリタVTL

MITSのAltair680は、Mikbugを採用しなかったコンピュータの代表例です。端末のインタフェースは、Mikbugに合わせる必要がないため、6820を使った変則的な構造を経過せず、最初から6850で設計されました。たいていの技術者がおっかなびっくり6800と向き合い、出来合いのモニタで無難に動かそうとしているとき、MITSは自信満々でした。

Altair680のモニタは、俗に680モニタと呼ばれます。サイズはMikbugよりさらに小さい256バイトで、全レジスタの値を表示する機能がないものの、ほかの働きは同等です。これが256バイトのEPROM、1702に書き込まれ、ROM用に4個あるICソケットのうち、1個に挿さっています。残りの3個は、広告の写真だと埋まっていますが、実際は空いています。

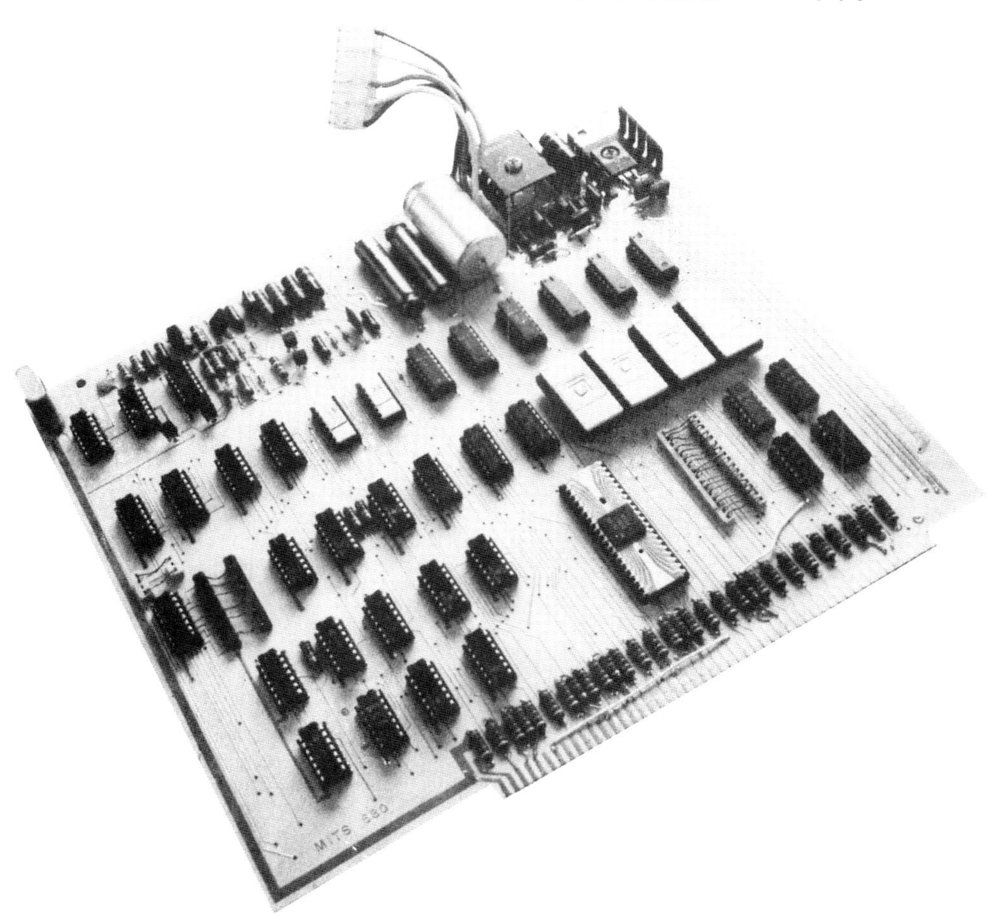

⬆Altair680のマザーボード（右側中央の4個並んだ1702の1個がモニタ）

VTL-2 Now Offered for Altair 680b Computer

VTL-2 is a very tiny language developed for the Altair 680b computer. It is both a simple language interpreter(similar to BASIC) and a collection of useful subroutines for the machine language programmer. VTL-2 resides completely in Read-Only-Memory. It uses various subroutines in the MITS 680 ACIA monitor.

VTL-2 is designed for use with a minimal system of 1024 bytes of Random Access Memory. However, the language can use all available memory.

In addition to being a very useful language in its own right, VTL-2 is supplied with a complete source listing, so that the user has a complete set of fully-documented utility subroutines which can be used by machine-language programs even when the VTL-2 interpreter is not being used.

VTL-2 employs standard BASIC line correction and back-spacing facilities. Lines may be added, deleted or changed by number, providing program editing flexibility.

All arithmetic in VTL-2 is in 16-bit integer mode. One special variable called "%" contains the remainder after division operations, easing the implementation of multiple-precision subroutines.

VTL-2 has one array, which is as large as memory will allow. It can be broken down into several sub-arrays for flexibility. VTL-2 will print strings as well as input and output them as single-character variables. Longer strings can also be stored in the array.

The 768 bytes of PROM memory required for VTL-2 is less than half of that required by the next smaller high-level language interpreter. Keeping this in mind may help the user to understand some of the language's limits as compared to full BASIC. We trust that you will be pleasantly surprised to discover just how much computing power can be squeezed into a tiny space!

The VTL-2 package comes complete with programmer's manual, a copy of the source listing and some sample games that can be played with only 1K of RAM memory.

VTL-2 is avaiable for $114(postpaid) from The Computer Store, 820 Broadway, Santa Monica, California 90401, or from any other Altair Computer Center.

MITSの機関誌『コンピュータノーツ』1977年3月号に掲載されたVTLの紹介

680モニタを書いたのはポール・アレンとマーク・チェンバレンです。マーク・チェンバレンの人となりは資料がなくて不明です。ポール・アレンはビル・ゲイツと同じ高校の2年先輩で、当時から保護者のような役回りでした。ビル・ゲイツがBASICを完成させたときは、商談を引き受けてMITS訪問し、その縁で、同社のソフトウェア部長に就きました。

Altair680はROM用に3個のICソケットが空いていて、あと768バイトのプログラムを追加することができます。これは、実に中途半端なサイズです。680モニタはもうMikbugとほぼ同等の働きを持ち、いくら何でも3倍に拡張する必要性がありません。一方、BASICは初期の版でも4Kバイトを超えており、768バイトに縮めるのはとても無理な話です。

1976年9月、ザ・コンピュータストアのゲイリー・シャノンとフランク・マッコイがぴったり768バイトのインタプリタ、VTLを完成させ、3個の1702に書き込んで発売しました。正式な名称はVTL-2ですが、VTL-1が表立って出回った形跡がないため、一般にただVTLと呼ばれます。これが、多くのAltair680で長く空いていた3個のICソケットを埋めました。

MITSの機関誌『コンピュータノーツ』は1977年3月号で最大級の賛辞を添えてVTLを紹介しました。たとえば、こんな感じです。「これはシンプルなインタプリタであると同時に機械語プログラマのための有用なサブルーチン集です」、「わずかなスペースにたくさんのコンピューティングパワーが詰め込まれていることを発見し、きっと驚くはずです」。

⊕ SBC6800版VTLの制作

VTLのマニュアルはリスティングと丁寧な使いかたの説明と16本のサンプルプログラムを掲載しています。マニアは試験的にプログラムを書いてVTLがちゃんと動くことを知ると中身に関心を示し、実用的なプログラムを書いてみるより先にリスティングを解析しました。その結果、自作のコンピュータで動くVTLがアメリカのあちこちに現れました。

日本ではアスキーの『月刊アスキー』1977年7月号(創刊号)がVTLを紹介しました。しかし、Altair680がほぼ存在しない上にアメリカの状況がヘンな風に伝わり、VTLは自作のコンピュータで動かすものという認識が定着しました。日本のマニアは、もっぱら移植の腕前を競いました。年季の入ったマニアは現在でも「昔、VTLを動かした」と自慢します。

VTLは端末の制御で680モニタに含まれる3個のサブルーチンを呼び出します。VTLをSBC6800で動かすには、680モニタから3個のサブルーチンを抜き出し、少し修正してソースに書き加えます。Altair680が端末のインタフェースに6850を採用しているおかげで、680モニタのサブルーチンに必要な修正は、6850のアドレスを書き換えるくらいです。

現実の作業は、理屈どおり簡単ではありません。VTLのソースは、いったいどんなアセンブラを使ったのか、不思議な書式で記述されています。止むを得ず、機械語から推測した標準的な書式で書き写すのですが、そこでまた難題にぶつかります。Altair680関係のプログラムは、マニア向けの挨拶がわりに(個人の感想です)、トリックをひとつ混ぜてあります。

```
485  FE65            /
486  FE65  7F 00 65  DIVIDE, CLRX SAVE1      /DIVIDE 16-BITS
487  FE68  7C 00 66  GOT, INCX SAVE1
488  FE6B  63 01     ASLN 1
489  FE6D  69 00     ROLN 0
490  FE6F  24 F7     BCC GOT
491  FE71  66 00     RORN 0
492  FE73  66 01     RORN 1
493  FE75  7F 00 68  CLRX SAVE2
494  FE78  7F 00 69  CLRX SV2+1
495  FE7B  8D A9     DIV2, BSR SUBTR
496  FE7D  24 04     BCC OK
497  FE7F  8D 9B     BSR ADD
498  FE81  0C        CLC
499  FE82  9C        9CX
500  FE83  0D        OK, SEC
501  FE84  79 00 69  ROLX SV2+1
502  FE87  79 00 68  ROLX SAVE2
503  FE8A  7A 00 66  DECX SAVE1
504  FE8D  27 12     BEQ DONE
```

↑VTLのリスティングに存在するトリック(行番号499)

```
00155 FF71 54                 LSR B
00156 FF72 8D 01              BSR        OUTHR      OUTPUT FIRST DIGIT
00157 FF74 16                 TAB                   BYTE INTO B AGAIN
00160 FF75 C4 0F      OUTHR   AND B      #$F        GET RID OF LEFT DIG
00161 FF77 CB 30              ADD B      #$30       GET ASCII
00162 FF79 C1 39              CMP B      #$39
00163 FF7B 23 04              BLS        OUTCH
00164 FF7D CB 07              ADD B      #7         IF IT'S A LETTER ADD 7
00165 FF7F 01                 NOP                   LINE UP OUTCH ENTRY POINTS
00166 FF80 01                 NOP
00167 FF81 8C         OUTCH   FCB        $8C        USE CPX SKIP TRICK
00168 FF82 C6 20      OUTS    LDA B      #$20       OUTS PRINTS A SPACE
00171                 **
00172                 * OUTCH OUTPUTS CHARACTER IN B
00173                 **
00174 FF84 37                 PSH B                 SAVE CHAR
00175 FF85 8D 9D      OUTC1   BSR        POLCAT     ACIA STATUS TO B REG
00176 FF87 57                 ASR B
00177 FF88 24 FB              BCC        OUTC1      XMIT NOT READY
00178 FF8A 33                 PUL B                 CHAR BACK TO B REG
00179 FF8B F7 F001            STA B      ACIADA     OUTPUT CHARACTER
00180 FF8E 39                 RTS
00183                 **
00184                 * EXAMINE AND DEPOSIT NEXT
```

⊕680モニタのリスティングに存在するトリック（行番号167）

VTLのソースは、唐突に現れた$9Cが理解できなくて、書き写すことができません。いったん諦め、680モニタのソースを書き写していたら、やはり唐突に$8Cが現れました。こちらはコメントがあり、やっとそのやり口が判明しました。$9Cや$8Cは、CPX命令に見せ掛けて（これを実行しても文脈に影響がありません）、次の命令をスキップするものです。

⊕VTLのサンプルプログラムを動かしてみる

SBC6800で動くVTLは、すったもんだのあげく、何とか完成することができました。トリックに引っ掛かって寄り道をしたせいで、SBC6800で動く680モニタまで完成しました。680モニタは、Jコマンドでオリジナルの VTLを起動することができます。SBC6800で動くVTLと680モニタとオリジナルのVTLは、本書のサポートページで公開しています。

SBC6800にVTL(単独動作可能版)を取り付けた状態

VTLは、既存のカテゴリに当てはめるなら、BASICです。それをたった768バイトで実現したものは、普通に優れたプログラミングの腕前と、卓抜した発想です。VTLは、インタプリタに期待される働きを最小のサイズで実現するという前提にたって、文法のほうを洗練した賜物です。それは、まるで数学のように、少数の原則と多数の応用で成り立ちます。

たとえば、VTLにはPRINT、INPUT、GOTO、GOSUB、RETURN、IF、LIST、RUNがありません。かわりにシステム変数を使った簡潔な式が同等の処理を実現します。マイクロソフトのBASICを標準と考えている人にはいんちき臭い文法に見えるでしょう。しかし、マニュアルの説明は隅々まで合理的であり、これはこれで、しっかりと筋がとおっています。

VTLの実態を知るため、マニュアルに掲載された小さなプログラムを引用し、ひととおりの操作をやってみます。小さなプログラムを使うのは紙面の都合であり、実際は最大65535行を書くことができます。マニュアルには、115行のTIC TAC TOE(三目並べ)や122行のMINI TREC(スタートレック)など、比較的大きなプログラムも掲載されています。

⬇端末に「ABCDEFGHIJKLMNOPQRSTUVWXYZ」を表示するプログラム

```
10 A=65        ――――変数Aに65を代入する
20 $=A         ――――変数Aの値に相当する文字を表示（$は1文字入出力）
30 A=A+1       ――――変数Aを1増やす
40 #=A<91*20   ――――もしA<91が真（1）なら行番号20へ分岐（#は実行行）
50 ?=""        ――――改行（?は文字列入出力）
```

VTLは一般的なBASICと同じく、入力が受け付けられる状態で「OK」を表示します（起動メッセージとプロンプトはありません）。起動したら、真っ先にVTLが使ってもいいRAMの範囲を設定します。まず、システム変数*に末尾のアドレスを代入します。これは最低1024です。次に、システム変数&に先頭のアドレスを代入します。これは、つねに264です。

最初にこの種の儀式を必要とするのは、当時のプログラムにありがちなことであり、VTLの出来が悪いわけではありません。たとえば、マイクロソフトのBASICはRAMの容量と端末の1行文字数と三角関数を使うかどうかを入力したあと起動します。それは、時代が進んで16ビットパソコンに採用されてからでさえ、How many files(1-15)? と尋ねました。

⬆VTLが起動した直後、RAMの使いかたを設定する操作例

⬆プログラムを入力してリストを表示した操作例

VTLの使いかたは大筋で一般的なBASICと同じです。行番号を付けて入力した行はプログラムとして記憶し、そうでないとただちに実行します。プログラムは、行番号の付けかたで、行を挿入したり置き換えたり削除したりすることができます。一方、コマンドやステートメントは、ぜんぜん違います。リストを表示するには、LISTではなく0を入力します。

VTLの世界観を如実に物語るのは実行行を表すシステム変数#です。#に1を代入すると先頭行から実行するので、これがRUNに相当します。プログラムの中で行番号を代入すれば、GOTOのように分岐します。#に0を代入しても無視されます。したがって、条件式と行番号を掛け算してから代入することで、IF ~ GOTOにあたる条件分岐が成立します。

VTLは、このように融通が利いて使いみちの広い、15個のシステム変数を持っています。マニアはマニュアルに書かれている説明を理解したあと、システム変数のマニュアルに書かれていない使いかたを模索しました。機械語の成り立ちから辿ったほうが近道だと考えたマニアはリスティングを解析し、それが、移植版や拡張版の登場につながりました。

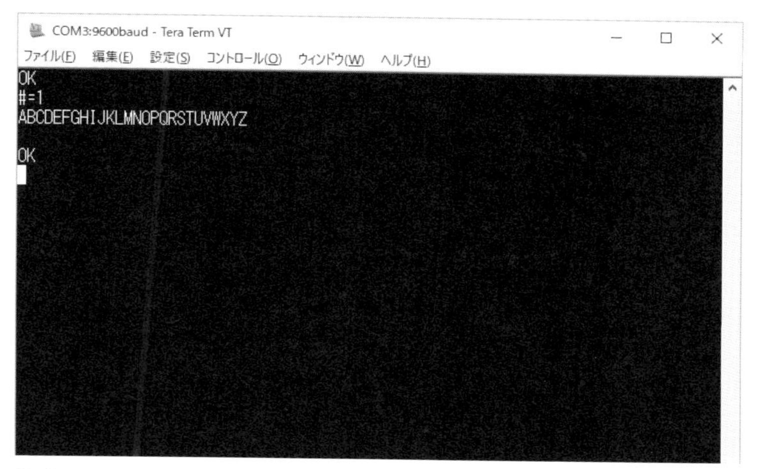

⬆プログラムを実行する操作例

1970年代の後半、メモリの価格が暴落的に下がり始めました。やがて、サイズを縮めたり必要なRAMを少なく抑えたりすることに意味がなくなり、VTLはただのわかりにくいインタプリタに成り下がりました。現在の感覚だと、当時のプログラムはいずれにしろ小さくて不便なので、一切の無駄が排除されたVTLの構造に仄かな芸術の香りを覚えます。

⊕ ハンドアセンブルで書かれたマイクロBASIC

マイクロコンピュータシステムズの技術者、ロバート・ユイテリクは、仕事が建て込んだとき止むを得ずIBM 5100を家庭へ持ち帰ることがありました。IBM 5100はBASICが使えるオールインワンのコンピュータです。重量が約23kgあり、ポータブルではないものの、力任せに抱え込むことができます。1975年、それが家庭で悩みごとを引き起こします。

ロバート・ユイテリクの12歳の息子、テッドは、IBM 5100のBASICに関心を示し、毎日、持ち帰ってほしいとせがみました。それは、ちょっと無理でした。そこで、手ごろなコンピュータを見繕って買い与えることにしました。条件は、妥当な価格で、クリスマスプレゼントに間に合って、BASICが動くことです。彼は、SWTPCのSWTPC6800を選びました。

SWTPC6800は、確かに価格が妥当で、クリスマスプレゼントに間に合いますが、BASICが動きません。ロバート・ユイテリクは、その点を楽観していました。なぜなら、ちょうどこのころPCC(ピープルズコンピュータカンパニー)を名乗る団体が、実質的に無料のBASICを開発していたからです。彼は、それが間もなくSWTPC6800で動くと予想しました。

1970年代のアメリカでは反体制運動が一種のファッションとなり、さまざまな団体が結成されました。ある団体は政府にベトナム戦争の即時終結を迫り、ある団体は大学に学費の値下げを要求しました。PCCは、どこまで本気かわかりませんが、IBMが独占しているコンピューティングパワーを大衆の手に取り戻そうと呼び掛け、熱い機関誌を発行しました。

PCCの目標は、マイクロプロセッサを採用した安価なコンピュータが登場したことで、半分だけ達成されました。もう半分を達成するために、BASICが必要でした。PCCは、それを機関誌の読者とともに作ろうと考え、1975年3月号に開発指針を掲載し、投稿を募りました。開発指針は文法を簡略化しており、そのBASICはタイニーBASICと呼ばれました。

ロバート・ユイテリクが注文したSWTPC6800は1975年11月に届き、テッドに内緒で組み立てを始めてクリスマスの直前に完成しました。その時点でPCCの機関誌は、最初に投稿された未熟なタイニーBASICの仕上げに取り組んでいました。ロバート・ユイテリクの予想は外れ、テッドはクリスマスにBASICを手にすることができませんでした。

PCCの機関誌にはその後も投稿が続き、やがて掲載し切れなくなってタイニーBASICの専門誌『ドクタードブズジャーナル』が創刊されました。同誌で生まれたタイニーBASICは4本を数えました。いずれもリスティングが掲載されていますし、2ドルと送料で紙テープが入手できました。しかし、その中にSWTPC6800で使えるものはありませんでした。

maxim. BASIC will consist of a lot of
each other. These pieces themselves
s consist of smaller pieces, and so forth
n is made manageable by cutting it into

of BASIC? We see a bunch of them:
to be done next. It receives control

m collects lines as they are entered
a part of computer memory for

a single BASIC statement, whatever

h line is to be executed next.
ating point on a machine without the

ut information from the Teletype and
line deletion).
ASIC functions (RND, INT, TAB, etc.)
upervisor).
provides dynamic allocation data

er into the system we'll begin to see
fully define the function of each of

SN'T SPEAK BASIC

EAK UNLESS SPOKEN TO)

CPU 'chips' have had the heart-break
ng a cord with which to plug it in.
t, the next stumbling block, software,
d computer fiend, had the following

programs from the front-panel has its
p from his Hazeltine. "First there's
a syntax analyzer, formatter for out-

TINY BASIC

Pretend you are 7 years old and don't care much about floating point arithmetic (what's that?), logarithms, sines, matrix inversion, nuclear reactor calculations and stuff like that.

And . . . your home computer is kinda small, not too much memory. Maybe its a MARK-8 or an ALTAIR 8800 with less than 4K bytes and a TV typewriter for input and output.

You would like to use it for homework, math recreations and games like NUMBER, STARS, TRAP, HURKLE, SNARK, BAGELS, . . .

Consider then, TINY BASIC

- Integer arithmetic only – 8 bits? 16 bits?
- 26 variables: A, B, C, D, . . ., Z
- The RND function – of course!
- Seven BASIC statement types
  - INPUT
  - PRINT
  - LET
  - GO TO
  - IF
  - GOSUB
  - RETURN
- Strings? OK in PRINT statements, not OK otherwise.

Keep tuned in. More TINY BASIC next time, including some GAMES written in TINY BASIC.

WANTED – FEEDBACK! Your thoughts ideas, etc. about TINY BASIC urgently requested by the PCC Dragon.

R75-20–Weaver, A. C., M. H. Tindall, and R. L. Danielson, "A Basic Language Interpreter for the Intel 8008 Micropro-

PCCの機関紙に掲載されたタイニーBASICの開発指針

```
NEXT   LDX  BASPNT
       JSR  TESTV
       BCC  NEXT1
       JMP  LET0
NEXT1  JSR  SKIPSP
       LDAA 0,X
       CMPA $1E
       BNE  FOR8
       INX
       STX  BASLIN
       LDX  #FORSTK
       JSR  PULLAE
       JSR  PUSHAE
NEXT2  CMPA 0,X
       BNE  NEXT8
       CMPB 1,X
       BNE  NEXT5
       JSR  IND
       JSR  PULLAE
       JSR  PUSHAE
       SUBB 3,X
```

🅐ロバート・ユイテリクがノートに手書きしたマイクロBASICのソース

ロバート・ユイテリクは、このまま待っていてもSWTPC6800で使えるBASICは現れないと判断し、自分で作る決断をしました。それは、簡単なことではありませんでした。職場で使っているのはIBMやDECのコンピュータで、6800には馴染みがなく、アセンブラを持っていませんでした。BASICは、使っているものの、中身までは知りませんでした。

BASICの大まかな仕組みは、『ドクタードブズジャーナル』に掲載された、ほかのコンピュータのタイニーBASICから学びました。6800のソースはノートに手書きし、俗にいうハンドアセンブルで機械語に置き換えました。それをMikbugで入力し、少しずつ実行しては、軌跡を確認しました。テレタイプライタを持っていたことが、大きな助けになりました。

ロバート・ユイテリクは、SWTPC6800の構造でわからないところがあるとSWTPCに電話を掛けて質問をしました。たびたびのことだったので、SWTPCは彼がBASICに取り組んでいることを承知していました。しかし、まさか完成するとは思っていませんでした。1976年6月、それは多少のバグを抱えながら、テッドのSWTPC6800で動作しました。

ロバート・ユイテリクは、タイニーBASICの先例にならってサイズを2Kバイトに収めるつもりでした。しかし、実物は3Kバイトを超えたので、マイクロBASICと呼ぶことにしました。彼はマイクロBASICの完成をSWTPCに報告しました。SWTPCは、ちょうど制作を進めていた機関誌の第1号で、文法を紹介するとともにリスティングを掲載しました。

マイクロBASICは、現在の用語でいうとオープンソースのフリーウェアです。TSC（テクニカルシステムコンサルタンツ）は、数値をBCD（2進化10進数）型に改め、文と関数をいくつか追加し、マイクロBASICプラスという名前で販売しました。価格は、紙テープが6ドル、カセットテープが6.95ドル、全貌を明らかにしたマニュアルが15.95ドルでした。

⊕ 元祖マイクロBASICとビジネスに乗った派生版

ロバート・ユイテリクは、どうにかこうにか動作するBASICをひとつ完成させたことで、その構造を完全に理解したようです。SWTPCの協力を得て引き続き拡張に取り組み、2箇月後、数値を浮動小数点型に改めました。これは4K BASICと名付けられました。もう2箇月後、さらに文字列の変数と関数を追加しました。これは8K BASICと名付けられました。

マイクロBASICを販売したブースの様子（左から2人めがデバッグ担当のテッド）

1976年8月、ニュージャージー州アトランティックシティーでコンピュータを趣味とする人たちの小さな催し、パーソナルコンピューティングコンベンションが開催されました。SWTPCは、SWTPC6800を展示する傍ら、ここで4K BASICのカセットテープを販売してみることにしました。その様子が写真つきで機関誌の第2号に紹介されています。

4K BASICの関係者は「ALTAIRS SUCK」（Altairむかつくぜ）とプリントされた揃いのTシャツを着て盛り上げるつもりでした。それは主催者によって制止されてしまいましたが、カセットテープは100本以上が売れました。価格は4.95ドルで、実費と称しながら、本当は少しだけ上乗せしてありました。差額はロバート・ユイテリクの懐に収まりました。

SWTPCは、以降、4K BASICを4.95ドル、8K BASICを9.95ドルで販売しました。価格の名目は実費で、ロバート・ユイテリクに多少の利益があり、SWTPCはハードウェアが売れるという仕組みです。雑誌の広告には「この広告を読むことは、あなたがほかのコンピュータを所有している場合、健康を害する恐れがあります」という警告が付記されました。

WARNING — It has been determined that reading this ad may be hazardous to your health, if you own another type computer system. We will not be responsible for ulcers, heartburn, or other complications if you persist in reading this material.

4 K BASIC© — 8 K BASIC©

- Full floating point math
- 1.0E-99 to 9.99999999E+99 number range
- User programs may be saved and loaded
- Direct mode provided for most statements
- Will run most programs in 8K bytes of memory (4K Version) or 12K bytes of memory (8K Version)
- USER function provided to call machine language programs
- String variables and trig functions—8K BASIC only

COMMANDS	STATEMENTS			FUNCTIONS		
LIST	REM	END		ABS	† VAL	† SIN
RUN	DIM	GOTO*	STOP	INT	† EXT$	† COS
NEW	DATA	ON. . .GOTO*	GOSUB*	RND	† LEN$	† TAN
SAVE	READ	ON. . .GOSUB*	PATCH*	SGN	† LEFT$	† EXP
LOAD	RESTORE	IF. . .THEN*	RETURN	CHR	† MID$	† LOG
PATCH	LET*	INPUT	† DES	USER	† RIGHT$	† SQR
	FOR	PRINT*	† PEEK	TAB		
		NEXT	† POKE			

** Direct mode statements*
† 8K Version only

MATH OPERATORS	
–	(unary) Negate
*	Multiplication
/	Division
+	Addition
–	Subtraction
↑ ✦	Exponent

RELATIONAL OPERATORS	
=	Equal
<>	Not Equal
<	Less Than
>	Greater Than
<=	Less Than or Equal
>=	Greater Than or Equal

Your BANKAMERICARD welcome here

You guys are out of your minds, but who am I to complain. Send —

☐ 4K BASIC CASSETTE $4.95　☐ MP-68 Computer
☐ 8K BASIC CASSETTE $9.95　Kit $395.00

NAME

ADDRESS

CITY　STATE　ZIP

Southwest Technical Products Corp.
Box 32040, San Antonio, Texas 78284

⊕SWTPCが1976年10月に出稿した4K/8K BASICの広告

『インタフェースエイジ』1977年5月号に掲載された4K BASICの紹介記事

アメリカの技術者向けコンピュータ雑誌『インタフェースエイジ』は1977年5月号で4K BASICの特集を組み、破格の24ページを割いて詳細を紹介しました。この号は、機械語をソノシートに記録して綴じ込んだことで、長く語り草になっています。機械語はレコードプレイヤーで再生し、カセットテープと同様の方法でSWTPC6800へ読み込みます。

4K BASICは日本でもアスキーの『月刊アスキー』1977年9月号と工学社の『I/O』1977年9月号がソノシートに記録して綴じ込みました。しかし、SWTPC6800がほぼ存在しないため、事実上、そのまま動かすことができません。あとの号で、自作機へ移植する方法を解説するなど、しばらく関連記事が続きました。日本で紹介するのは、やや早すぎたようです。

4K BASICと8K BASICは1977年末まで販売されました。後継にあたるBASICはSWTPCの委託を受けてTSCが開発しました。同社は、すでにマイクロBASICを拡張したマイクロBASICプラスを販売していて、4K BASICや8K BASICの構造も熟知していました。早速、8K BASICの拡張版を作り、1年後にはSWTPC6800のOS、FLEXを完成させました。

ロバート・ユイテリクは4K BASICと8K BASICの出来栄えに満足し、これ以上、忙しい思いに耐える気力を持てませんでした。ですから、後継のBASICが完成するまでの期間、TSCに協力して、この仕事から手を引きました。1978年1月、彼は自身が持つすべての権利をモトローラに売りました。彼のその後については、知る手掛かりが残されていません。

⊕ SBC6800版マイクロBASICの制作

モトローラがロバート・ユイテリクから権利を買った理由はライセンスを明確にするためです。ロバート・ユイテリクは自身の成果を無償無保証で提供するつもりでした。実際、TSCがマイクロBASICの拡張版を売ったり、雑誌が4K BASICを綴じ込んだりすることを認めています。モトローラは、その意思を法的な手続きにのっとって確定させました。

ですから、モトローラは、以前、ネットでロバート・ユイテリクのソースを公開していました。しかし、それはモトローラとともに消滅しました（モトローラから派生した会社は存続しています）。現在、第三者が公開した機械語が見付かりますが、SBC6800で動かすには、本物かどうかを確認し、多少の修正を加えるため、ソースを入手する必要があります。

紛れもなく本物のマイクロBASICが、SWTPCの機関誌の第1号に掲載されています。そのリスティングで、ソースの部分を書き写すことにしました。バージョンは、記述が混乱しているめ、複数の資料と突き合わせて1.3と確認しました。いずれにしろ完成した直後のマイクロBASICで、よく見ると、ほかにもあちこちに粗削りなところがあります。

SWTPCの機関誌はページ数を抑えるためにリスティングを2段組みで掲載しています。たぶん、ハサミで切って貼り付けており、切り損なった部分をペンで修正しようとして、何箇所か書き間違えをしたようです。原文を忠実に書き写したソースはアセンブラがエラーを出すため、機械語のほうを見て正しいソースを推測しなければなりません。

```
0241 86 3F   KEYBD   LDA A  #$3F
0243 8D 40           BSR    OUTCH
0245 CE 0080 KEYBD0  LDX    #BUFFER
0248 C6 0A           LDA B  #10
024A 8D 46   KEYBD1  BSR    INCH.
024C 81 00           CMP A  #$00
024E 26 06           BNE    KEYB11
0250 5A              DEC B
0251 26 F7           BNE    KEYBD11
0253 7E 0662 KEYB10  JMP    READY
0256 91 45   KEYB11  CMP A  CANCEL
0258 27 26           BEQ    DEL
025A 81 0D           CMP A  #$0D
025C 27 28           BEQ    IEXIT
025E 81 0A   KEYBD2  CMP A  #$0A
0260 27 E8           BEQ    KEYBD1
0262 81 15           CMP A  #$15
0264 27 E4           BEQ    KEYBD1
0266 81 13           CMP A  #$13
0268 27 E0           BEQ    KEYBD1
```

```
02AC 8D E4   OUTPU2  BSR
02AE 08      OUTPU3  INX
02AF A6 00   OUTNCR  LDA A
02B1 81 1E           CMP A
02B3 26 F7           BNE
02B5 39              RTS
02B6 8D 12   CRLF    BSR
02B8 CE 02C0         LDX
02BB 8D F2           BSR
02BD 8D 20           BSR
02BF 39              RTS
02C0 ØØ      CRLFST  FCB
02C1 0D              FCB
02C2 0A              FCB
02C3 15              FCB
02C4 1E      CREND   FCB
02C5 FF              FCB
02C6 FF
02C7 FF
02C8 FF
```

↑マイクロBASICのリスティングにある誤植の例（行番号251はBNE KEYBD1が正しい）

APPENDIX C

ADAPTING MICRO BASIC PLUS

I. This section is primarily intended for those who own systems not based around Motorola's MIKBUG, and hopefully gives enough information for adaptation. MICRO BASIC PLUS has been assembled for MIKBUG systems containing 8K of memory. If a different amount is available (as little as 4K may be used) the "memory end" should be adjusted accordingly as stated in part 11 below. (If EXT will not be used and a 4K system is owned, set memory end (locations 010F - 0110) to 0F and FF respectively).

II. MEMORY END is stored in locations 010F and 0110. It is now set to 1EFF which requires an 8K system. If your system is of different size, this number should be adjusted accordingly. BASIC will not run correctly if this is not set up for your system. Space should also be allowed for a stack (= 128 BYTES) + any I/0 patches if MIKBUG is not being used.

III. BREAK is presently referenced at location 010C. It jumps to an internal break routine at location 0452. This routine monitors MIKBUG's PIA for activity such that hitting the "BREAK" key during program execution or listing will immediately return to the main BASIC loop and respond with the prompt. If using an ACIA this could be written to look for a special character, for example control C, before kicking out.

⬆マイクロBASICプラスのマニュアル（復刻版）に説明された移植方法の一部

SWTPCの機関誌には、マイクロBASICを自作のコンピュータへ移植する方法も書かれています。しかし、簡潔すぎてよくわかりません。むしろ、TSCがマイクロBASICプラスのために書いたマニュアルのほうが役に立ちました。意外にも、ほとんどの説明がマイクロBASICに当てはまります。書き写したソースで修正が必要な処理はおもに次の2点です。

第1に、テレタイプライタの[Break]キーが押されたかどうかを知る目的で6820のレジスタを読んでいて、6850を採用したコンピュータだと誤動作します。真面目に修正すると大仕事なので、この処理を無効にして、手っ取り早く解決しました。ですから、もしマイクロBASICのプログラムが無条件ループに入ってしまったら止める手立てがありません。

第2に、Mikbugの変数を読み書きしており、それがオリジナルと違うアドレスにあったら誤動作します。オリジナルの変数は$A000から並んでいますが、SBC6800のMikbugは$1F00からです(そうでないとRAMを1個余計に取り付けなければなりません)。この問題は、ソースに書かれた「$A0 〜」を事務的に「$1F 〜」へ置き換えるだけで解決します。

マイクロBASICは、比較的多くの資料とGoogle翻訳のおかげで、どうにか修正することができました。SBC6800で動くマイクロBASICは本書のサポートページで公開しています。この作業を通じ、ロバート・ユイテリクの人物像にも触れた気がします。たとえば、彼はトリックを使ってまでプログラムを小さくまとめようとするタイプではありません。

⊕ マイクロBASICのテストプログラムを動かしてみる

マイクロBASICはMikbugでRAMに読み込んで実行します。毎回、LコマンドでRAMに置き(その際、実行開始アドレスも所定の位置に置かれます)、Gコマンドで実行するため、手間と時間が掛かります。RAMは最低でも4Kバイトが必要です。SBC6800に6116ASP/同ALSPを取り付けている場合は容量が足りず、Lコマンドが「?」を表示して中断します。

マイクロBASICの本体をROMに記録すれば、電源を入れるだけで起動し、RAMにさほどの容量を求めません。そういう構造に作り直そうとしましたが、複雑に入り混じった定数と変数を整理し切れなくて諦めました。ロバート・ユイテリクは、Mikbugばかり使っていたせいで、ROMとRAM、定数と変数の違いを承知していなかった可能性があります。

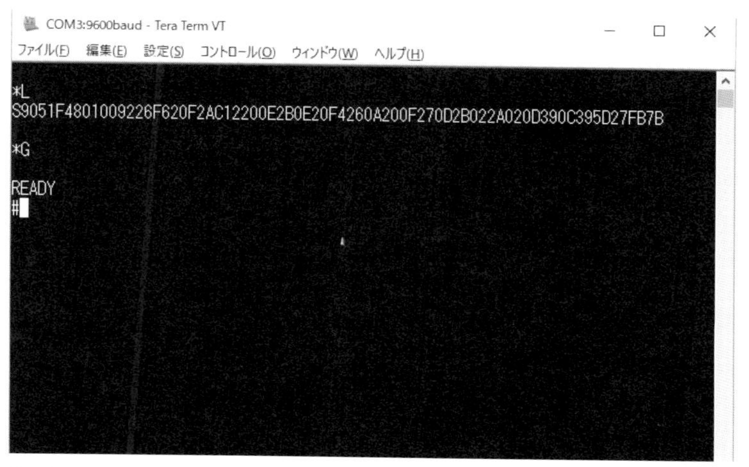

⬆Mikbugでマイクロ BASICをRAMに置いて実行した操作例

マイクロBASICは当時の通例で起動メッセージを表示しません。プロンプトは「#」となっており、これがマイクロBASICの目印です。文法はタイニーBASICの開発指針を少し上回っています。変数は英字1字と最大2次元の配列、関数は絶対値を返すRNDとタブを挿入するTAB、値は2バイトの符号付き整数型、文字列はPRINT文の引数でのみ使えます。

```
VARIABLES

    1.  26 Variable names A,B,C,D ....Z are allowed
    2.  Can be subscripted (See 5 below)
    3.  ± 32762
    4.  No string variables (Strings can only be used in print
        statements)
    5.  DIM statement:  One or two dimensions.  Array arguments can
        be expressions
        A.  Example:  DIM X(5,10), Y(A+30)
        B.  Maximum subscript size 255
        C.  No minus or zero subscripts allowed
```

⬆マイクロBASICの変数、値、文字列に関する規則（機関誌から当該部分を転載）

マニアの間の噂話によれば、マイクロBASICは動作がひどく遅かったとさています。現在の感覚だと当時のプログラムはいずれにしろ遅いので、噂話になるくらい遅ければ立派な個性です。いったいどれほどひどかったのかを知るために、簡単なプログラムを書いて走らました。題材は、10個の乱数を生成し、値が小さい順に並べ替えるというものです。

乱数は配列に代入します。配列は宣言により確保されます。並べ替えの手法はバブルソートです。マイクロBASICは逆回りの繰り返し（ルー

❹10個の乱数を生成して値が小さい順に並べ替えるプログラム

```
100 REM RNDSORT.BAS
110 REM BUBBLE SORT THE 10 RANDOM VALURS
120 REM
130 REM GENERATE RANDOM VALUES
140 DIM A(10) ——————————配列の宣言
150 FOR I=1 TO 10 ——————Iを増やしながら10回繰り返す
160 A(I)=RND ———————————配列に乱数を代入
170 NEXT I —————————————Iの繰り返しの末尾
180 REM
190 REM BUBBLE SORT
200 FOR I=1 TO 9 ———————Iを増やしながら9回繰り返す
210 FOR J=I+1 TO 10 ————JにI+1を代入して10まで繰り返す
220 IF A(I)>A(J) GOSUB 520 ——順序が逆ならサブルーチンを呼び出す
230 NEXT J —————————————Jの繰り返しの末尾
240 NEXT I —————————————Iの繰り返しの末尾
250 REM
260 REM PRINT RESULT
270 FOR I=1 TO 10 ——————Iを増やしながら10回繰り返す
280 PRINT A(I) —————————配列の値を表示
290 NEXT I —————————————Iの繰り返しの末尾
300 END ————————————————終了
500 REM
510 REM SWAP SUBROUTINE
520 S=A(I) —————————————Sに前の値を退避
530 A(I)=A(J) ——————————前の値へ次の値を代入
540 A(J)=S —————————————次の値はSから復帰
550 RETURN —————————————呼び出し元へ戻る
```

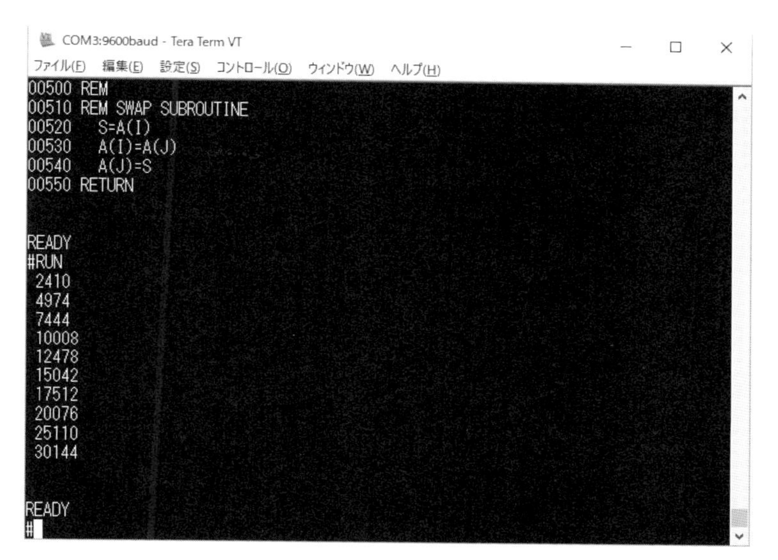

↑LISTでリストを表示したあとRUNで実行した操作例

プ変数を減らしていくFOR ～ NEXT）ができないため、書きかたの選択肢が絞られますが、その範囲で合理的な手順を構成しました。難しい計算はやっていないので、実質、実行制御の時間を調べることになります。

プログラムはパソコンのエディタで書き、端末ソフトの機能で送信しました。MikbugのLコマンドだと、ただ送信すればうまくいきますが、マイクロBASICのプロンプトは行末に100m秒の遅延を入れないと読み損ないます。プログラムの解釈と保存に、多少、手間取っているようです。キーボードからの手入力ならまったく読み損なわない程度の遅さです。

プログラムの実行時間はストップウォッチによる手計測で1秒10でした。一瞬、暴走したかのと思うくらい間が空きます。インテルの8080で動くリ・チン・ワンのタイニーBASICは0秒45付近です。確かにマイクロBASICは低速な部類に入ります。しかし、速度だけが評価の基準ではありません。実際、ロバート・ユイテリクはもっと低速に書き換えました。

4K BASICと8K BASICは数値を浮動小数点型に改めたので、計算の時間は、条件がよくて10倍、悪いと100倍くらい掛かります。そのかわり、実用的な計算ができます。面白い実例があります。タンディのTRS-80は、当初、リ・チン・ワンのタイニーBASICを採用しましたが、社長が自分の給料を計算してみたところ、結果がオーバーフローしたそうです。

マイクロBASICよりあと、6800のBASICはなぜかおしなべて計算の実用性を重視しました。たとえば、TSCのマイクロBASICプラス、トム・ピットマンのタイニーBASIC、畑中文明の電大版タイニーBASICは、いずれも8080のタイニーBASICより数値のとり得る範囲が広く、誤差の少ない計算をします。こんな風に揃う理由は、解明できませんでした。

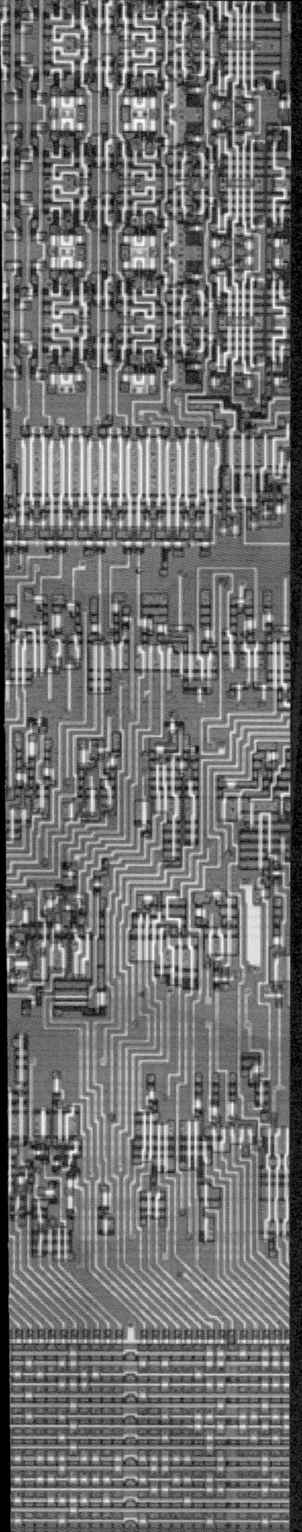

［第3章］
日本の伝説

1 国産パソコン第1号

[第3章]
日本の伝説

⊕ パソコンへ発展しなかったコンピュータH68/TR

インテルの8080とモトローラの6800がアメリカで巻き起こした騒動は2年ほど遅れて日本にやってきました。日本の半導体メーカーは、とっくに同等品を製造していましたが、当初は大半がアメリカに輸出されました。やがてアメリカの競争が激化し、国内へ目が向けられるようになって、ようやく日本でもマイクロプロセッサの歴史が幕を開けました。

インテルとモトローラの関係は日本電気と日立製作所に投影されました。日本電気は8080のダイを観察する方法で命令互換のμCOM-8を作り、これが最初の国産マイクロプロセッサとなりました。国内で積極的な販売促進を展開したのも、日本電気が最初でした。日立製作所は、これらの各段階で後手に回り、一歩遅れて日本電気のあとを追いました。

1976年8月、日本電気が研修用の教材としてμPD8080Aを使ったシングルボードコンピュータのキット、TK-80を発売しました。価格は課長級の権限で決済できる88500円でした。同社はTK-80を得意先に直販すると同時に、秋葉原(東京)と日本橋(大阪)の電気街にも流しました。それをマニアが買って、毎月1800台が売れるヒット商品になりました。

1977年4月、日立製作所がHD46800を使ったやや高級なシングルボードコンピュータ、H68/TRを発売しました。キットではなく完成品で、名目上は研修用ですが、CPUボードとして汎用のコンピュータにも組み込める造りとなっています。価格は99500円で、課長級が決済するとしたら、本体のほかに電源がいることを上手に誤魔化す必要があります。

🅰日立製作所が発売したH68/TR（後期のH68TRA）　Wikipediaより転載

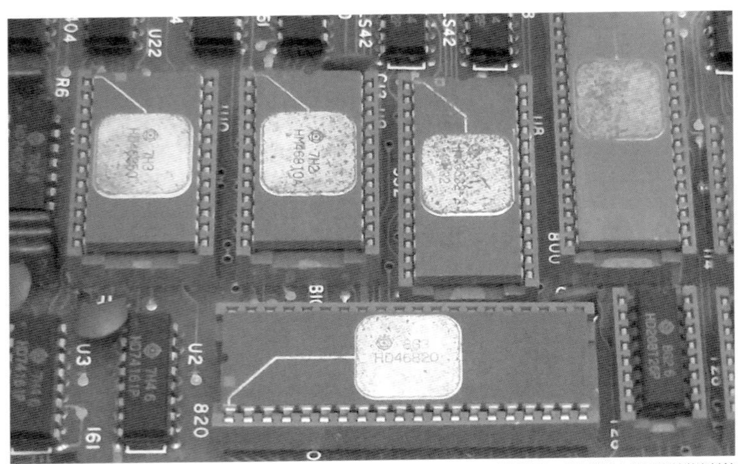

撮影協力─東京理科大学近代科学資料館

⬆H68/TRの6800（右上）とファミリーのIC

H68/TRの6800は個別部品で生成した921.6kHzのクロックで動作します。メモリはROMが4KバイトのHN46532、RAMが256バイトの6810です。周辺ICはポケットコンソール（のちにポケッタブルコンソールと改称）の制御に6820、カセットテープのインタフェースに6850が使われています。つまり、増量版のROMとファミリーの一式が乗っています。

H68/TRの特徴はROMにモニタとアセンブラが書き込まれていることです。モニタはMikbugを超えてJbugと同等の機能を持ちます。たとえば、カセットテープの読み書きと走行/停止ができます。アセンブラはラベル（「L」と2桁の数字）とニーモニックをアセンブルします。いわゆる1パスなので後方参照ができませんが、まあまあの実用性があります。

ポケットコンソールは、発売に至らなかった関数電卓の部品を流用していて、48個のキーと14桁の7セグメント蛍光表示管を備えます。これでいちおう英数字と記号の入力/表示に対応し、端末なしでモニタとアセンブラを操作することができます。記号の表示にかなり無理がありますが、それをスラスラと読めることがマニアの証明となりました。

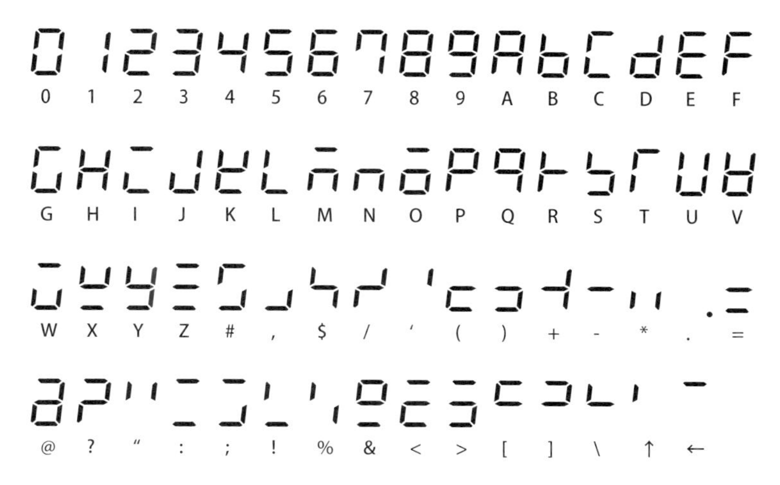

ポケットコンソールが表示する英数記号

H68/TRは、日本電気のTK-80に比べ、商品としての完成度が高く、機能的に優秀で、その分、価格が高価です。したがって、技術者に売れましたが、マニアのウケは今ひとつでした。それは、気に留めるほどの問題ではありませんでした。両社は、もともとマニアの需要を見込んでおらず、むしろH68/TRのほうが狙いどおりの売れかたをしたといえます。

パソコンへの道のりを受け継いだ日立家電販売

TK-80とH68/TRは、その後、いくぶん異なる経緯を辿ります。日本電気はTK-80がマニアに売れていることを知ると、すぐに拡張キット、TK-80BSを発売してパソコンに近い体裁を整え、BASICを走らせました。意地悪くいえば行き当たりばったりな方針の拡大です。それが、ゆくゆく本物のパソコンにつながり、同社の屋台骨を支える事業へと発展します。

『I/O』1979年2月号に掲載されたH68/TRと関連商品の広告

日立製作所も、H68/TV（テレビインタフェース）、H68TM（増設メモリ）、H68/KB（キーボード）、BASICなどを発売しました。H68/TRからポケットコンソールを取り外し、これら一式とともにカードケージへ収納すると、パソコンよりは大げさな、ミニコンのような格好にまとまります。実際、古くなったミニコンと置き換える事例が多数ありました。

日立製作所はH68/TRを設計する段階で、そうした用途を念頭に置いていました。そのため、コストが上がることを承知で、ポケットコンソールを基板の外部につなぎましたし、バスにバッファを入れました。ただし、想定の中心は、日本にまだ存在しないパソコンではなく、すでに需要があったミニコンでした。結局、同社はパソコンを作りませんでした。

日立グループは傘下に1200余社を抱え、緩やかな棲み分けをしています。コンピュータは日立製作所の担当ですが、個人向けとなると、日立家電販売の領分にも差し掛かります。日立家電販売は、日立製作所が二の足を踏んだパソコンを、やってみる価値があると判断しました。こうして、意外なところから、パソコンの1番手を目指す動きが始まりました。

パソコンはテレビ事業の一環に位置づけられ、横浜工場の担当となりました。設計は横浜工場に置かれた家電研究所が行いました。家電研究所は組織横断的な商品の開発を受け持っていて、企画ごとに各社の出向者がプロジェクトを結成します。パソコンのプロジェクトは日立家電販売と日立製作所の出向者で構成され、両社のノウハウが融合されました。

⊕日本で最初のパソコン、ベーシックマスターレベル2

1978年9月、日立家電販売が日本で最初のパソコン、ベーシックマスターを発売しました。ただし、それは1979年2月にもうBASICが強化されたベーシックマスターレベル2と置き換わりました。ハードウェアの違いはROMがふたつ増えただけです。初代は記憶に残る間もなく姿を消し、事実上撤回されたので、本書はそれを数に入れないことにします。

⬆日立製作所のベーシックマスターレベル2とキャラクタディスプレイ

日本電気は1979年5月にPC-8001を発売しました。マイクロプロセッサの歴史でことごとく「日本で最初」を達成した同社は、パソコンの発売で2番手に甘んじました。シャープは1979年10月にMZ-80Cを発売しました（同社は前年にMZ-80Kを発売していますが、キットなのでパソコンの定義から外れます）。1979年は、日本のパソコン元年となりました。

ベーシックマスターレベル2は本体とキーボードが一体になった初期の典型的なスタイルで、電源を入れるとすぐBASICが起動します。ものものしい内部の構造は、よくシロモノと表現される白いケースが完全に覆い隠しました。キーボードは、[Backspace]キーが「後退」、[Enter]キーが「復改」と刻印されています。マニアが不満に思うくらい家庭向きです。

その一方で、普通の人がコンピュータに期待する、漫画のような近未来感は尊重されました。BASICは、ほどよく荒れた電子音で音楽を演奏し、有効数字9桁の浮動小数点計算ができる関数群を備えました。また、キーボードを操作するとクリック音を発する（鉄腕アトムが歩くときの効果音に似ています）など、情緒的な演出に工夫が凝らされました。

表示には家庭用のテレビが使えて、これは安上がりに済むという以外にも利点がありました。たとえば、テレビを2台並べるスペースがない学生の下宿へスルリと入ることができました。加えて、テレビがお仕着せの番組を見るだけの装置でないことを教えてくれました。初期のゲームは、テレビにオリジナルの画像を映してみたい一心で作られました。

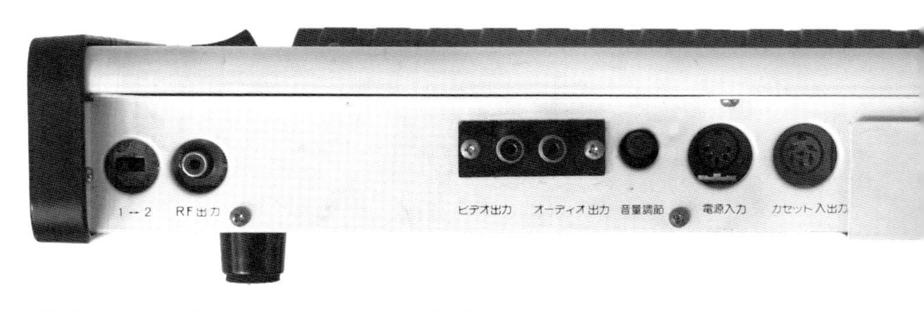

⬆ベーシックマスターレベル2の背面にある端子類

アメリカから輸入されたパソコンが電気街の裏通りで売られているとき、ベーシックマスターレベル2は、普通の人が立ち寄りやすい中堅の家電量販店に並びました。全国に存在する日立系列の電器店でも、カタログやパンフレットが配布されました。価格は228000円で、びた一文、値引きはありませんでした。その点に限り、家電らしくない製品でした。

⊕家電の感覚で設計された6800まわりの回路

内部の構造は、曲芸のような回路と、いちばん安い部品で、徹底したコストダウンが図られています。たとえば、6800のファミリーにあたる周辺ICがひとつもありません。それはまだ飛び切り高価でしたし、余計な機能をいくつも持ちました。家電の流儀で最適化された基板は見るからにシンプルで、よくいえば、アップルのApple I/同IIに通じる設計です。

しかたなく使われた唯一の高価な部品が6800です。現物には日立製作所のHD46800が挿さっています。クロックは、TTLで組み立てられたクロックジェネレータが750kHzを供給します。そのかなり控えめな周波数は、映像信号とサウンドの生成、DRAMのリフレッシュ、カセットテープの録音/再生などに兼用できることを考慮して決められました。

6800のすぐ近くには4KバイトのROM、HN46532があって、起動ルーチンとモニタが書き込まれています。電源を入れると、まず起動ルーチンがシステムを立ち上げ、次にBASICを起動します。モニタは、もし使うならBASICのMONで起動します。使う人は少ないだろうと想定されていて、アセンブラがないなど、H68/TRのモニタより低機能です。

ROMのICソケットはあとふたつあり、初代のベーシックマスターは、そのうちの1個にBASICを書き込んだHN46532が挿さっていました。初代のBASICは文法がタイニーBASICです。ちょうどこのころ、ロバート・ユイテリクが彼のBASICに関する権利をモトローラに売っています。モトローラがそれを日立家電販売に紹介したと見るのが自然です。

⬆ベーシックマスターレベル2の6800付近

⬆ベーシックマスターレベル2のBASIC用ROM

ベーシックマスターレベル2のBASICは拡張されて容量が12Kバイトに増え、HN46532が3個になりました。予備のICソケットを使っても足りないので、二股のICソケットを重ねて取り付けられました。基板を作り直すまでの応急措置だったと想像されますが、実際のところ、現存するベーシックマスターレベル2はすべてそういう恰好をしています。

⊕映像出力と兼用でリフレッシュを簡略化したDRAM回路

RAMは1ビット×4KのDRAM、HM4704が16個並んでいて、容量は8Kバイトです。そのHM4704をHM4716に挿し替え、配線の一部を変更すると、容量が32Kバイトに増えます。挿し替えはサービスセンターが受け付けました。サービスセンターには自分でやろうとして失敗したベーシックマスターレベル2が毎日のように持ち込まれました。

⬆ベーシックマスターレベル2のDRAM付近

RAMの一部は表示用の文字コードを置く領域となっています。6800は、そこから定期的に文字コードを読み出して、映像信号を作ります。この動作が、DRAMのリフレッシュを兼ねます。モトローラが好んで使う専門用語「ファンクションブロック」(強引に翻訳すれば機能単位の回路構成)をサラリと無視し、いろいろまとめて最少のICで動かす設計です。

表示できるのは単色の文字だけで、総文字数は32桁×24行です。フォントは日本電気のμPD2316が持っています。μPD2316は2KバイトのROMですが、フォントを書き込んだ状態で売られているため、一般にフォントジェネレータと呼ばれます。注文して書き込むより安く、のちに日本電気のPC-8001やシャープのMZシリーズでも採用されました。

映像信号は別売りのキャラクタディスプレイへ向けてコンポジットビデオ信号、家庭用のテレビに向けて電波で出力されます。電波だと、32桁×24行が認識可能な限界です。コンポジットビデオ信号は、理屈の上でより多くの文字を表示できますが、総文字数は少ないほうに固定されています。これは、いろいろまとめて最少のICで動かす設計の弱点です。

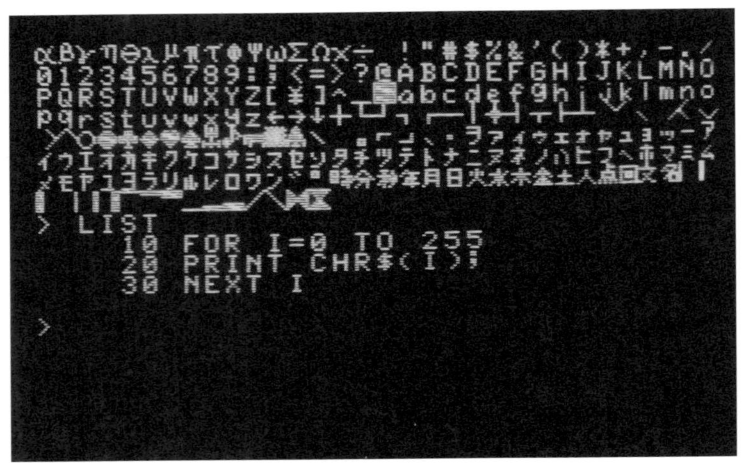

⬆BASICのプログラムで全部のフォントを表示した例

⬆ベーシックマスターレベル2のキーボード読み取り回路付近

キーボードから入力できる文字は英大文字、数字、カタカナ、一般的な記号です。驚いたことに、英小文字を入力する方法がありません。いわば、伝統的な端末と同じです。入力できない文字もBASICの関数などで文字コードを指定すれば表示されます。フォントにはギリシャ文字と図形が含まれ、電気回路の計算式や簡易的な棒グラフを描くことができます。

⊕ 誤差2Hzのサウンドとカタカナ指定による音楽演奏機能

ベーシックマスターレベル2は本体にスピーカーを内蔵し、何かにつけて音を出します。たとえば、キーボードを操作するとクリック音を発し、操作を間違えるとビープ音を鳴らし、BASICに音楽を演奏する機能があります。たびたびヘマをやらかす人が恥ずかしい思いをしなくて済むように、本体の背面に音量を調節するボリュームが付いています。

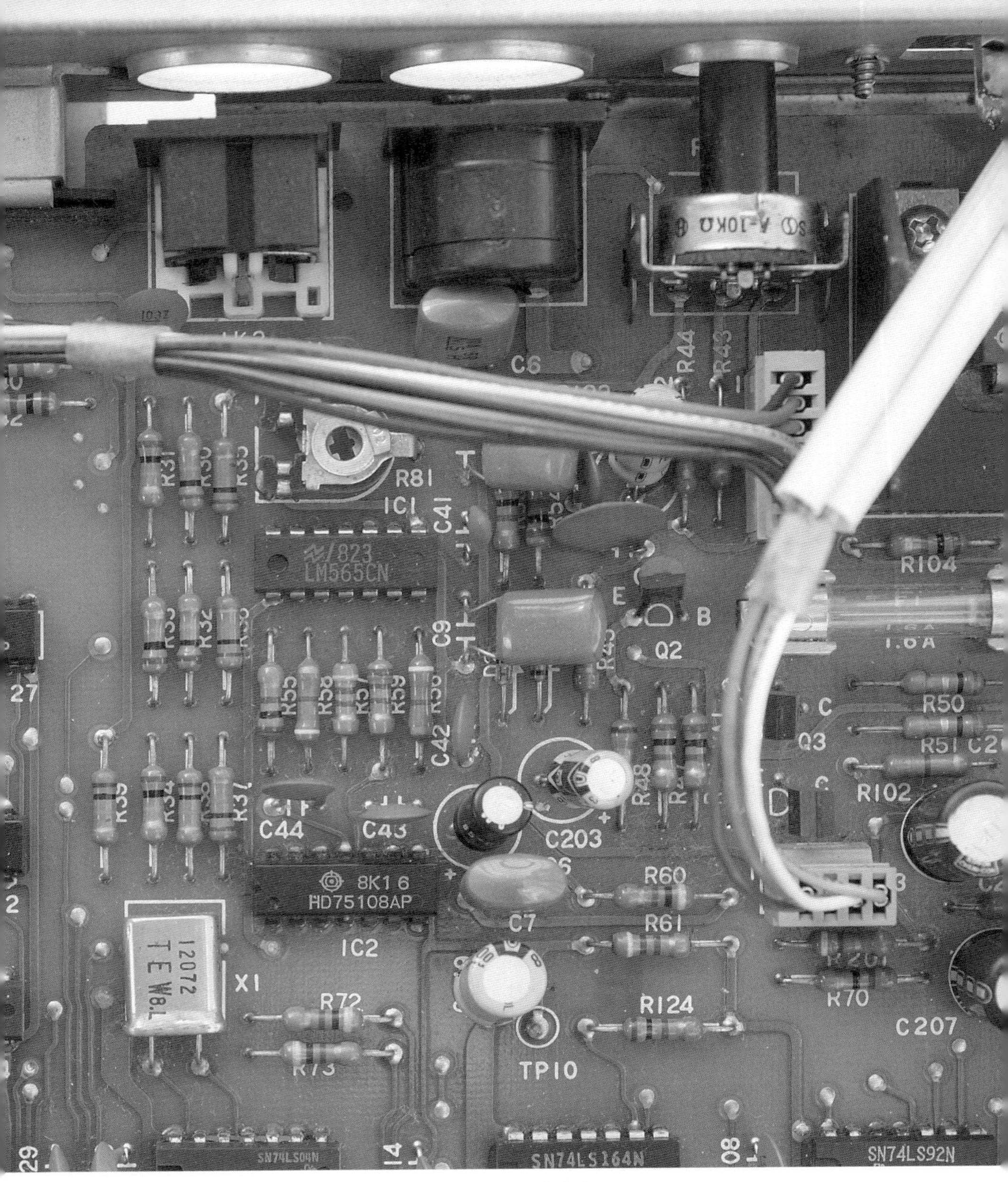

⬆ベーシックマスターレベル2のサウンド生成回路付近

これらの音のもとになるサウンドはNSのPLL、LM565が生成します。LM565はクロックに掛け算や割り算をして別の周波数へ変換する働きを持ちます。その方形波を抵抗で組み立てた5ビット（32段階）のD/Aコンバータが正弦波へ近付けてスピーカーに出力します。音楽を演奏したとき、音色はベタな電子音ですが、音階の正確さは誤差±2Hzです。

BASICはMUSIC文で音楽を演奏します。音階は「トレミファソラシ」で指定し、必要に応じ、半音上げる「#」、1オクターブ上げる「U」と下げる「D」、長さ「P0～P9」を書き加えます。文法にカタカナが混じるBASICは稀有な例といえましょう。まともな音楽を書くのはたいへんそうですが、ギターのチューニングやゲームの効果音などで実用性があります。

内部の構造を分析するとサウンドはカセットテープのインタフェースにも応用されたようです。記録方式はカンサスシティースタンダード、通信速度は300ビット/秒です。記録にはファイル名を付けられますが、これはただの確認用です。走行を制御する機能がないので、ファイル名を指定して読み込もうとしたら、延々と再生し続けなければなりません。

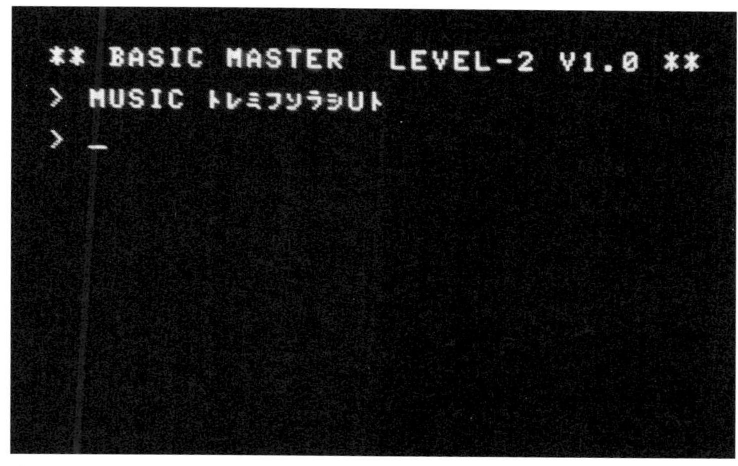

BASICでドレミファソラシドを演奏した例

⊕ 重量級の電源トランスを使ったアナログの電源回路

電源はACアダプタがざっと平滑した17Vと9Vと-10Vを供給し、本体の電源回路で必要な電圧へ安定化します。6800は単一5V電源で動くことを売りものにしていますが、結局、単一5V電源で動くパソコンは登場しませんでした。ベーシックマスターレベル2では、テレビの電波を作るVHFコンバータが12V、DRAMが±5Vと12Vを必要とします。

スイッチング電源はまだ実用化されておらず、電源まわりは完全なアナログです。ACアダプタには大型のトランスが入っていて、ズッシリとした重量感があります。本体の電源回路は個別部品で構成され、放熱器の付いたパワートランジスタが並んでいます。強いていうなら、周囲の回路へ雑音を飛ばさないことが、アナログの電源の数少ない利点です。

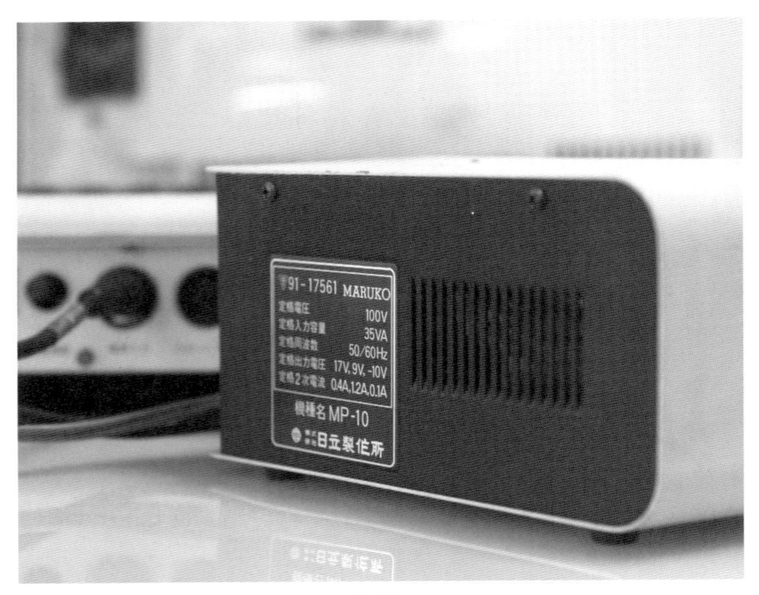

⬆ベーシックマスターレベル2のACアダプタ

➊ベーシックマスターレベル2の電源回路付近

ベーシックマスターレベル2は、現在のネットで話題にのぼる頻度から推測して、まあまあの台数が売れたものと思われます。爆発的に売れた事実はありません。家電としては高すぎるのに、マニアのウケを狙っていないことが原因でしょう。しかし、当時、もし度を越したマニアが存在したら、TTLで構成されたエレガントな回路に魅了されたはずです。

2 PACSの系譜

［第3章］
日本の伝説

⊕6800で並列計算機が成立することを証明したPACS-9

コンピュータの評価で重要な指標のひとつとなるのが計算速度です。計算速度は計算の性質によって異なり、かつては世界最速を標榜するコンピュータが同時に何台もありました。現在は、LINPACKベンチマークテストでスコアが高い順に500台を列挙したリスト、いわゆるTOP500で、いちばん上に掲載されたものを世界最速とする見かたが一般的です。

1996年11月のTOP500で世界最速と認められたのは、筑波大学計算物理学研究センターのCP-PACSでした。CP-PACSは、科学諸分野のシミュレーションを目的とした並列計算機、PACSシリーズの6代めにあたります。初代から3代は6800で動いており、市販のマイクロプロセッサを並べて低コストで計算速度を稼ぐ、現在の方向性の先駆けとなりました。

初代のPACS-9は、1978年、京都大学原子エネルギー研究所の助教授、星野力が完成させました。何はともあれ、6800で並列計算機が成立することを確認したかったようです。誰の目にも明らかな手作りで、6800と関連のICがユニバーサル基板にワイヤラッピングで配線されています。これが9枚、ラックに挿さってひとつのコンピュータを構成します。

ラックには「(0,0)」～「(2,2)」のラベルがあり、6800は概念的に3×3の格子状に並んでいます。上下左右に隣り合う6800は、一部のメモリを共有し、半周期だけズレたクロックで動作します。6800の構造からいって、こういう動かしかたをすると共有したメモリをいつ読み書きしても競合することがなく、それぞれ、伸び伸びと計算しながら緊密に連携します。

🅐PACS-9の中央付近（ICは取り外されています）

写真提供―筑波大学計算科学研究センター

PACS-9を構成するユニバーサル基板の１枚

撮影協力─国立科学博物館

PACS-9で直接的に連携するのは隣りの6800だけです。概念的な格子状の中心にある6800は上下左右と連携しますが、たとえば、左上と右下の6800は連携しません。幸いなことに、科学諸分野のシミュレーションは、たいがい隣りの計算と連携すれば成立するのだそうです。まさに、計算の要求と6800の特徴がぴったり噛み合った運命の産物といえます。

PACS-9はアセンブリ言語で書かれたプログラムで原子炉の拡散方程式を解きました。数値演算ユニットはなく、計算速度は7kflopsでした。性能はともかく、6800で並列計算機が成立することは確認できました。PACS-9は役割を終え、解体されました。残骸は6800が乗った基板1枚を残して廃棄されました。技術的な成果はPACS-32に受け継がれました。

PACS-9の1枚だけ残された基板は、現在、国立科学博物館に展示されています。6800を除くICが取り外されていますが、ICソケットの形状で概要がわかります。ROMはなく、プログラムは外部からRAMへ直接書き込まれました。全部の6800が、歩調を揃え、共有したRAMを適切なタイミングで読み書きするように、クロックは外部から与えられました。

⊕ 6800とAM9511で計算速度の向上を狙ったPACS-32

2代めのPACS-32は、6800を32個に増やし、それぞれにAMDの数値演算ユニット、AM9511をつないで計算速度の向上を狙いました。2代めは、いわば本番の1号機にあたるので、プリント基板に組み立てられています。6800が連携する仕組みなど基本的な構造は同じです。現存するPACS-9の基板にICがないのは、こちらへ流用されたせいでしょう。

PACS-32の組み立てを終えたところで星野力は筑波大学へ移り、第三学群基礎工学類の助教授となりました。研究の手段だったコンピュータが、とうとう研究の目的になってしまった恰好です。まだ動くかどうかわからないPACS-32が筑波大学へ同行しました。引っ越しの雑務でしばらく仕事が手に付かず、実際に動作したのは半年ほどあとのことです。

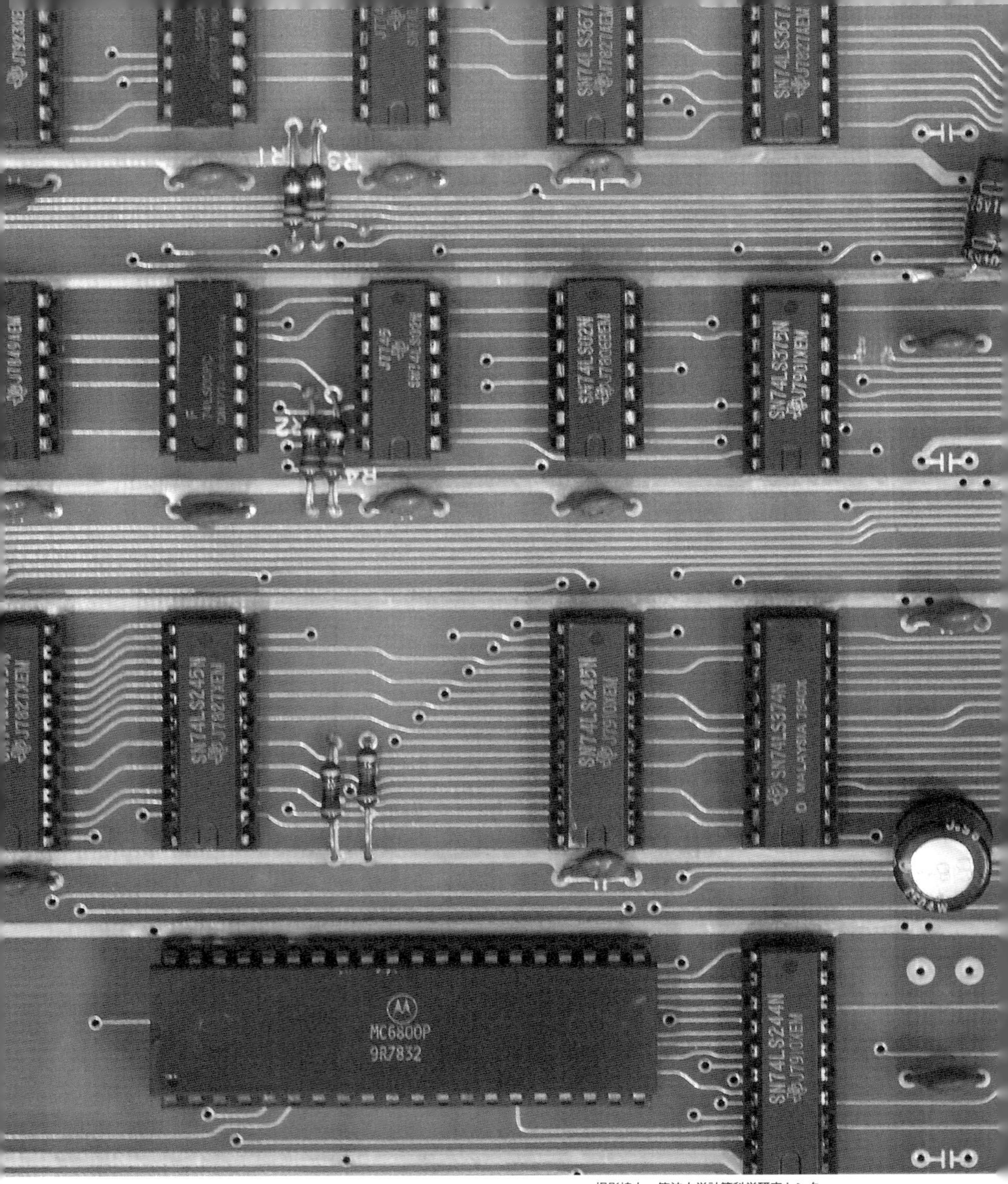

撮影協力―筑波大学計算科学研究センター

PACS-32の6800付近

⬆PACS-32で計算に使われたAM9511

撮影協力—筑波大学計算科学研究センター

PACS-32は、一般的な制御を6800、主要な計算をAM9511が実行します。AM9511の計算時間は、浮動小数点型の四則演算で約20μ秒、三角関数が4m秒ほどです。これに計算値を転送する時間が加わりますが、科学諸分野のシミュレーションにおける連続的な計算だと、さほど影響しません。結果として、プログラムで計算するより100倍ほど高速化します。

メモリは4ビット×1024のSRAM、2114が36個あり、容量は基板あたり18Kバイトです。取り付け位置が4群に分かれ、それぞれに外部とつながるコネクタがあります。想像では、PACS-9より大きなデータをほかの基板と共有したようです。ROMはありません。PACS-9と同様、クロックは外部から供給され、プログラムはRAMへ直接書き込まれました。

PACS-32の6800は、概念的に8×4の格子状に並びます。数値演算ユニットを追加し、メモリを増量したので、基板のサイズはPACS-9の約4倍になりました。これを32枚、日曜大工店で売られているスチール棚のようなものに取り付け、下部に重量級の電源を置いて動かしました。基板だけを見るとスマートですが、全体の姿は手作り感に満ちています。

1980年、PACS-32は連立一次方程式の並列計算に成功しました。計算速度はPACS-9の約71倍にあたる0.5Mflopsが出ました。このころ、6800とAM9511にはすでに高速版が存在しました。より周波数の高いクロックでより多くの基板を動かせば、より高速化するはずです。技術的な課題はほぼ解決されており、問題は製作費をどう捻出するかくらいでした。

⊕6800を使った世界最初の実用的な並列計算機PAX-128

3代めのPAX-128は筑波大学第三学群基礎工学類の星野研究室で作られ、1983年、当時のトップクラスに入る計算速度4Mflopsを出しました。製作費は600万円で、文部省科学研究費特別推進研究と認められ、一部がいわゆる科研費で賄われましたが、贅沢をする余裕はありませんでした。組み立ては相変わらずの手作業で、外観は基板や配線が剥き出しです。

写真提供―筑波大学計算科学研究センター

🡅1983年に完成したPAX-128

⬆PAX-128の6800付近

撮影協力─筑波大学計算科学研究センター

6800とAM9511は高速版に置き換わり、クロックの周波数が2倍に引き上げられました。メモリは8ビット×2048のSRAM、6116が16個あって、容量は基板あたり32Kバイトに増えましたが、数量が半減しました。基板のサイズは小型化し、物理的に縦4枚×横4枚×裏表×4面の128枚が整然と取り付けられています。概念的な並びは16×8の格子状です。

細かいことが気になる人のために補足しておきます。元祖PACSは「連続体シミュレーション用プロセッサアレイ」を意味する英語の頭文字です。この由来は、ときとして連続体でないシミュレーションには無力だとする解説に引用されました。命名者としては不本意だったので、ある時点から「プロセッサアレイの実験」を意味するPAXに変更されました。

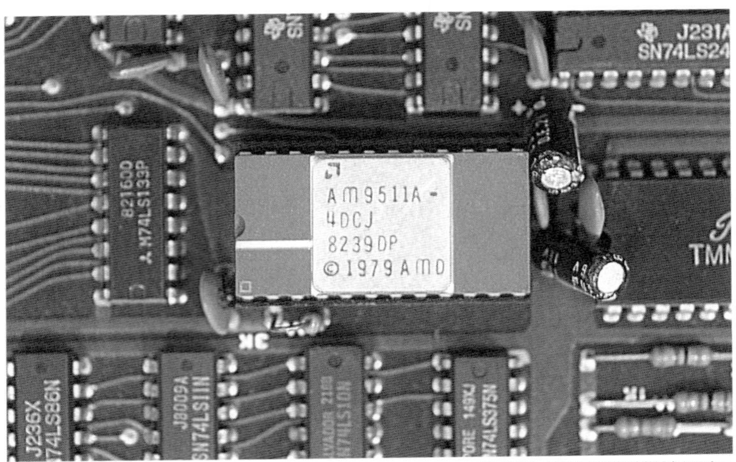

撮影協力―筑波大学計算科学研究センター

PAX-128で計算に使われたAM9511

PACSとPAXの使い分けは明確な基準が規定されていません。本書の表記は基板に印刷された型番にしたがっています。PACSシリーズの初代を除く基板はIC付きで筑波大学計算科学研究センターに保管されており、隅々まで観察することができました。資料によっては、本書と異なる基準で「PAX-9」や「PAX-32」と表記している場合があります。

6800の構造から脱却しても続く6800との因縁

PAX-128が動いた1983年ごろ、6800はもはや最新のマイクロプロセッサではありませんでした。インテルは8086、モトローラは68000を発売していましたし、ほかにも計算速度の稼げそうな製品が計画されていました。6800の構造を生かした設計は、6800とともに消え去る運命にありました。以降、PACSシリーズは設計を一新して出直すことになります。

PACSシリーズが世界最速を達成する1996年までの歩み

完成年	名称	プロセッサ	並列稼働数	計算速度
1978年	PACS-9	6800	9	7kflops
1980年	PACS-32	6800/AM9511	32	0.5Mflops
1983年	PAX-128	68B00/AM9511-4	128	4Mflops
1984年	PAX-32J	DCJ11	32	3Mflops
1989年	QCDPAX	68020/L64133	480	14Gflops
1996年	CP-PACS	HARP-1E	2048	614Gflops

4代めにあたるPAX-32Jは6800にかえてDECのDCJ-11を採用しました。1枚の基板に1個のDCJ-11と128Kバイトのメモリが乗り、これが32枚、並列に動作します。試作機は1984年に完成し、計算速度は3Mflopsでした。興味深いことに、計算速度が先代より少し落ちています。設計を一新した影響だと思いますが、安定性を重視したせいかもしれません。

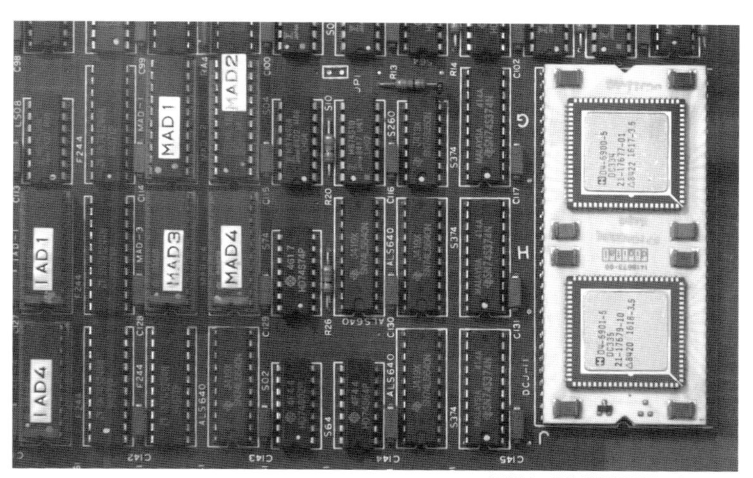

PAX-32JのDCJ-11付近

撮影協力—筑波大学計算科学研究センター

PAX-32Jは筑波大学第三学群基礎工学類の星野研究室で設計を完了したあと新技術開発事業団が事業化を目指し、三井造船が商用機を製作しました。もう手作りの実験機ではないので、予算を捻出する苦労が少し緩和されました。商用機は、少なくとも、ISR（リクルートスーパーコンピュータ研究所）と慶應義塾大学に納入されたことがわかっています。

1989年には5代めにあたるQCDPAXが筑波大学計算物理学研究センターで完成し、アンリツが商用機を製作しました。これは量子色力学専用計算機で、モトローラの68020がゲートアレイを介してLSIロジックのL64133に計算を委ねます。その基板が480枚、並列に動作し、計算速度14Gflopsを出しました。これも1台が慶應義塾大学に納入されています。

慶應義塾大学理工学部物理学科の教授、川合敏雄は、以前、日立製作所に勤めていて、技術者の立場で星野力のPACS-9を支援しました。大学に移ってからは計算物理学を研究しました。PAX-32JとQCDPAXは研究の素材でした。このとき、研究室では、ゆくゆくPACSシリーズを作る側に回る朴泰祐が、大学院博士課程に在籍しながら助手を務めていました。

撮影協力―筑波大学計算科学研究センター

↑QCDPACSの68020付近

⬆CP-PACSの8プロセッサパッケージ　写真提供—筑波大学計算科学研究センター

朴泰祐は子供のころ秋葉原（東京都千代田区）に住んでいて、電気街が遊び場のひとつでした。中学からずっと慶應義塾で、受験勉強にさほどの時間を割かなくて済んだので、コンピュータの雑誌を読み漁りました。高校は、同じ敷地に大学の計算センターがあり、コンピュータの実物と触れる機会に恵まれました。マニアがひとり育って当然の状況でした。

高校時代の実績のひとつが6800で動くコンピュータの製作です。先輩が取り組んでいたハードウェアを一緒に完成させ、CQ出版の『インターフェース』で知ったVTL/Kを動かしました。VTL/KはMikbugのもとで動くVTLです。自作のコンピュータで動かすには端末の制御機能を追加する必要があり、プログラミングの即戦力として腕を振るいました。

大学院で博士号を取得し、助手として4年の任期を過ごしたあと、筑波大学から誘いがあり、電子・情報工学系の講師に就きました。筑波大学では発足したばかりの計算物理学研究センターに勤務し、電子・情報工学系の教授、中澤喜三郎のもとでCP-PACSの設計に携わりました。以来、今日まで、PACSシリーズとともに人生を歩むことになります。

⬆Oakforest-PACSとCOMAが描かれた筑波大学計算科学研究センターのクリアファイル

CP-PACSは日立製作所のHARP-1Eを2048個、三次元ハイパークロスバー結合網で接続しています。HARP-1Eは、HPのPA-RISCをもとに、筑波大学の提案を取り入れて改良した、CMOSのRISCプロセッサです。その計算速度と三次元ハイパークロスバー結合網の通信速度が絶妙にバランスし、1996年、当時の世界最速となる614Gflopsを達成しました。

PACSシリーズの最新機種は筑波大学計算科学研究センターで2014年に完成したCOMAです。9代めにあたるため、ツウはPACS-IXと呼びます。インテルのXeon E5-2680v2とXeon Phi 7110Pを768個ずつ使い、計算速度は1Pflopsです。なお、現在のPACSの由来はParallel Advanced system for Computation Sciences（計算科学用並列先進システム）です。

PACSと名の付くコンピュータの最新機種は、最先端共同HPC基盤施設が開発し、2016年から管理運用するOakforest-PACSです。最先端共同HPC基盤施設は筑波大学計算科学研究センターと東京大学情報基盤センターが協定を結んで発足した組織です。Oakforest-PACSはXeon Phi 7250を8208個使い、計算速度は2017年時点で日本最速の25Pflopsです。

朴泰祐は、現在、筑波大学計算科学研究センター教授、副センター長を務めています。また、最先端共同HPC基盤施設で運用支援部門部門長の立場にあります。つまり、本書がテーマとする6800とは大きく掛け離れたところで、コンピュータの開発に重責を担っています。しかし、現在でも6800の機能仕様に精通し、機械語をソラでいうことができます。

3 6809の時代

［第3章］
日本の伝説

⊕8ビットの手軽さで16ビットの処理ができる6809

モトローラは6800を発売してすぐ、より高速に動作する次の製品の開発を始めました。6800の周辺ICが使えるように、外見的な構造は大きく変更しないことが決まっていました。高速化の決め手は命令体系の見直しでした。ソフトウェア部門のボニー・ジョエルは、6800のために書かれた都合25000行のプログラムで、命令の使われかたを集計しました。

出現頻度が高い処理は、転送が39%、サブルーチンの呼び出し/終了が13%、条件分岐が11%でした。目立って多い転送でデータの指定方法を調べると、ダイレクト指定（アドレス空間の先頭の256バイトを使う方法）とインデックス指定（レジスタXを使う方法）が大半を占めました。新しい命令体系は、こうした処理の高速化と機能の強化を目指しました。

営業部門は、Mikbugを書き込んだ6830がまあまあ売れたことから、同様に浮動小数点演算ルーチンを書き込んだROMを販売したいと考えました。このことが、命令体系にさらなる要求を突き付けました。たとえば、ROMがアドレス空間のどこに配置されても動くように、アドレスの相対指定と作業領域をスタックに確保しやすい命令が求められました。

論理回路の設計はマイクロコンポーネント部門のテリー・リッターが担当しました。彼の仕事は1977年に終わる予定でしたが、実現性を無視して決められたとても美しい命令体系に手を焼き、間に合ったのはレジスタAとBを組み合わせたDが16ビットのデータを処理する構造くらいでした。そのささやかな成果は、6801と6803に盛り込まれました。

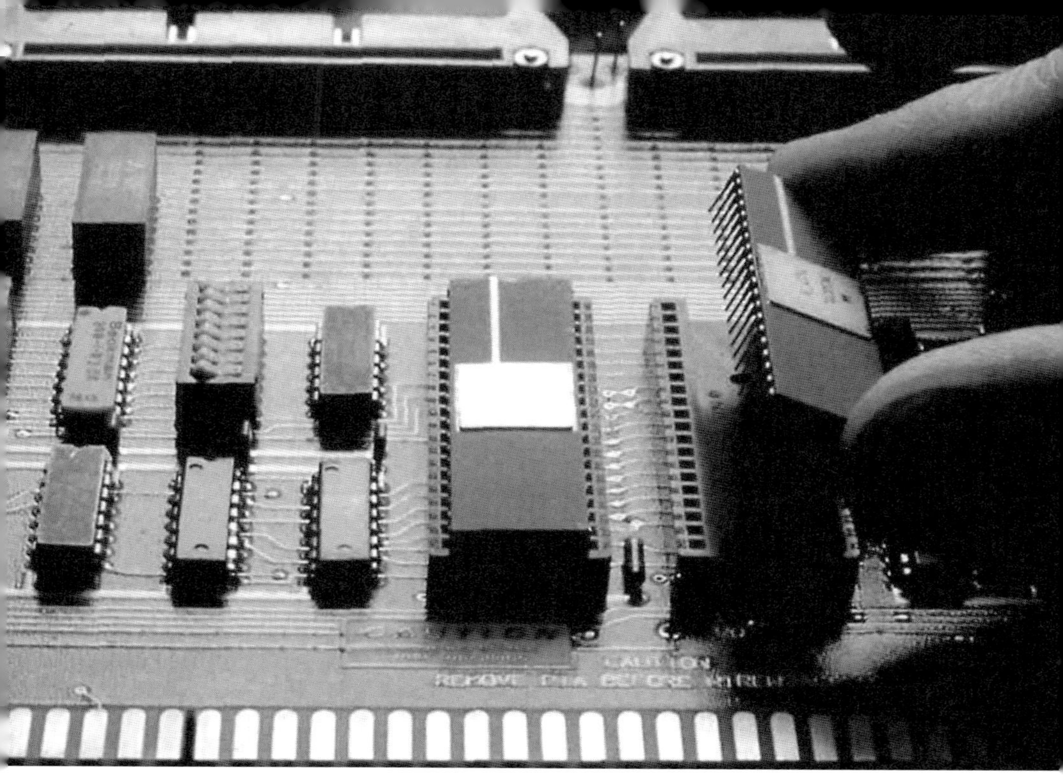

⬆モトローラが6809の試作品をテストした評価ボード

テリー・リッターがもたついている間に、インテルが16ビットのマイクロプロセッサ、8086を発売しました。身内のモトローラでも16ビットの企画が浮上し、彼の設計が8ビットで最後になることが確定しました。おかげで、型番が決まりました。8ビットのマイクロプロセッサに6800から順序よく振られてきた型番は、途中を飛ばして6809になりました。

6809の設計は1978年の第4四半期に完了し、テキサス州オースチンの工場で試作品が製造されました。インテルが16ビットの8086を発売したあとに8ビットの6809を発売することは、モトローラの社内でも異論がありました。そこで、営業部門があえてモトローラに好意的とはいえない30社を選び、試作品を持参して技術者の意見を聞き取りました。

HD6809, HD68A09, HD68B09
MPU(Micro Processing Unit)

HD6809は8ビットマイクロコンピュータHMCS6800ファミリ中の最上位機種（ハイエンド）で，従来のHD6800に比べて内部レジスタ，命令，アドレッシングなどが強化された高性能マイクロプロセッサです。プログラムのブロック化，リロケーションおよびリエントラントプログラムの作成が容易となるよう数々の機能向上が図られており，データ処理プログラム，リアルタイムプログラムなど高い処理性が必要なアプリケーションに適しています。

■特長

●拡張された内部レジスタ
- 2個の16ビットインデックスレジスタ（X，Y）
- インデックスとしても使用可能な2個の16ビットスタックポインタ（S，U）
- 16ビットアキュムレータ（D）の形に連結可能な2個の8ビットアキュムレータ（A，B）
- メモリ全域にダイレクトアドレッシングが可能なダイレクトページレジスタ（DP）

●59種の基本命令＊（アドレッシングモードを含めると1,464命令）
- 16ビット算術演算命令
- 8×8ビット符号なし乗算命令

●強力なアドレッシングモード
- インプライド
- イミディエイト
- エクステンディッド
- エクステンディッドインダイレクト
- ダイレクト
- レジスタ
- インデックスト
  - 0，5，8，16ビットコンスタントオフセット
  - 8，16ビットアキュムレータオフセット
  - オートインクリメント/デクリメント
- インデックストインダイレクト
- レラティブ
- プログラムカウンタレラティブ

●ハードウェア
- 水晶発振回路内蔵
- 3レベルの割込み（$\overline{NMI}$，$\overline{FIRQ}$，$\overline{IRQ}$）
- HD6800とバスコンパチブル
- モトローラ社　MC6809, MC68A09, MC68B09とコンパチブル

＊命令はHD6800とソースレベルで，アップワードコンパチブルとなっています。コンパチブルのレベルについては，「6809クロスマクロアセンブラユーザーズマニュアル」を参照してください。

■ピン配置図

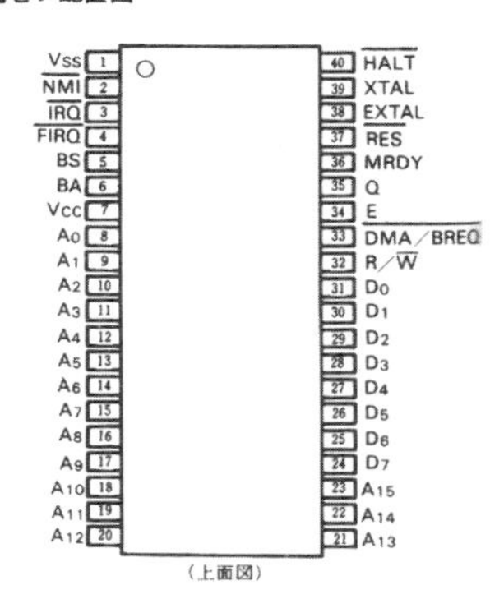

⇧6809の製品概要（日立製作所のマニュアルより転載）

⊕6809の同等品（日立製作所のHD68B09P）

幸い、6809は好評でした。技術者が必要としたのは16ビットのデータを合理的に処理する命令体系であり、8ビットのメモリを2個1組みで接続しなければ動かない16ビットのバスではありませんでした。6809は、8ビットならではの簡素なハードウェアで動作し、当面、やりたいことが全部できました。この結果をもって、発売中止の危機は回避されました。

6809は1979年の第1四半期に発売されました。アメリカでは、Z80を使わないと公言して痩せ我慢していたSWTPCがSWTPC69、タンディがTRS-80 Color Computer、コモドールがSuper PET、ドラゴンデータがDragon 32/64などに採用しました。日本では富士通のFM-8、FM-7、日立家電販売のベーシックマスターレベル3、S1などに採用されました。

⊕アドレス空間を縦横無尽に操作できる強力なレジスタ群

8ビットのマイクロプロセッサにとってひどく厄介な仕事が、あらゆるデータの処理に付いてまわる、アドレスの指定です。たとえば、1回の転送をしようとしてデータのアドレスをプログラムに書くと、アドレスを読み取るためにもう2回の余計な転送が生じます。高速化を果たすには、アドレスを明示しなくて済む指定の方法を考える必要があります。

6800 〜 6803は、アドレスを1バイトだけ書けばいいダイレクト指定やアドレスをレジスタXで指し示すインデックス指定で問題の解決を図りました。しかし、ダイレクト指定は限られた範囲でしか通用しません。インデックス指定は、一定の効果を上げましたが、同時に2箇所(たとえばコピー元とコピー先)を指定する処理でお手上げになりました。

6809は、レジスタの数を増やし、機能を強化しました。追加された働きは、どれから説明したらいいか迷うくらいたくさんあり、端的にいえば、レジスタの遣り繰りだけでアドレス空間を縦横無尽に操作することができます。印象は、まるでDECのミニコン、PDP-11です。PDP-11にならったと噂された6800の構造は、6809に比べれば、それほどでもありません。

従来、上位バイトが$00のアドレスに限定されたダイレクト指定は、上位バイトをレジスタDPが保持する仕組みにかわり、6809だと全域で使

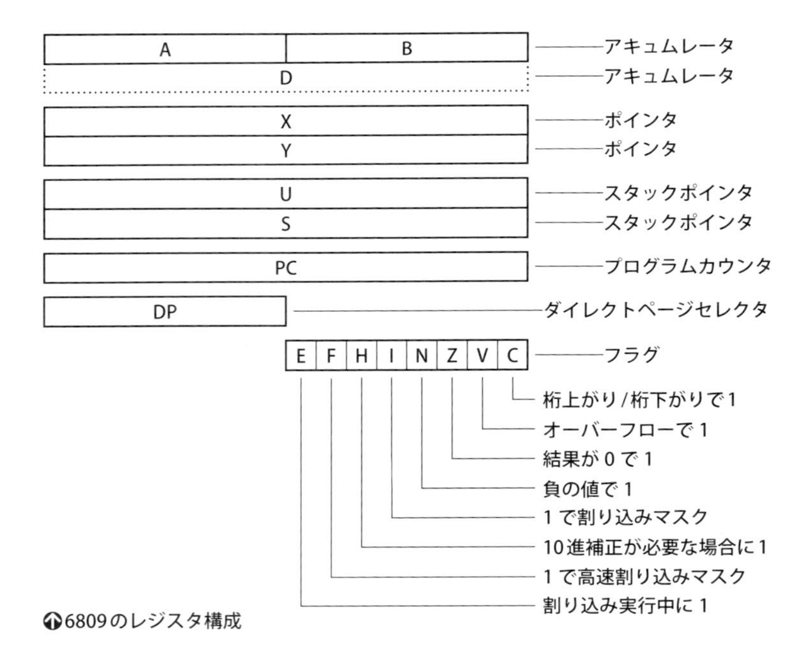

⇧6809のレジスタ構成

❹6809でデータの位置を指定する記述例

記述例	処理の対象
LDA <$18	上位バイトDP+下位バイト$18のアドレス
LDD 0,Y++	Yが指し示すアドレス（指定後Yを2増やす）
LDA B,Y	Yが指し示すアドレス+Bのアドレス
LDA [0,Y]	Yが指し示す変数が指し示すアドレス
LDA [B,Y]	Yが指し示すアドレス+Bの変数が指し示すアドレス
LDA [LABEL]	LABELの変数が指し示すアドレス
LDA LABEL,PCR	LABEL（相対指定）
LDA [LABEL,PCR]	LABEL（相対指定）の変数が指し示すアドレス

えます。この機能は、周辺ICのレジスタの読み書きに効果を上げました。6800が便利さを力説したメモリマップトI/O（メモリとレジスタを同一のアドレス空間に配置する方式）は、6809でやっと便利になりました。

インデックス指定は、レジスタX、Y、U、S、そしてメモリに割り当てた2バイトの変数が使えます。X、Y、U、Sは、指定後か指定前、値を1か2、増やすか減らすことができます。あるいは、オフセットをレジスタA、B、Dで指定することができます。いわば、従来、インデックス指定の前後にあった定形的な処理が、インデックス指定と同時に実行される形です。

⊕ リロケータブルでリエントラントなモジュールが実現

プログラムの書きかたに影響を与えたもうひとつの新しい働きがアドレスの相対指定です。分岐命令は従来から一定の範囲へ相対的な分岐ができましたが、6809では範囲の制限がなくなりました。加えて、データの位置を相対指定することができます。これで、アドレス空間のどこに置いても動く、リロケータブルなプログラムの書きかたが実現しました。

現実のプログラムはリセットベクタから実行されるため、丸ごとリロケータブルにはなりません。ですから、リロケータブルでないごく小さなメインルーチンとリロケータブルなたくさんのサブルーチンを組み合わせます。モトローラはそうしたサブルーチンを「モジュール」と呼びました。この用語は流行らなかったので、本書はこの付近だけで使います。

モジュールを上手に書くと再アセンブルなしに使い回しの効く機械語のかたまりが出来上がります。それが適度なサイズに収まってRAMの隙間で使えるように、あるいはROMに書いても動くように、通常、作業領域はスタックに確保します。こうしたスタックの使いかたは、6809でなくてもできますが、6809だと一連の処理がスマートに実行されます。

6809は2本のスタックポインタ、UとSを備えます。規模の大きなシステムではOSがS、アプリケーションがUを使い、小さければSだけを使います。UとSはインデックス指定に使えますし、相対指定をするための計算機能があります。作業領域はスタックポインタから必要なサイズを差し引くだけで確保され、以降、インデックス指定の対象となります。

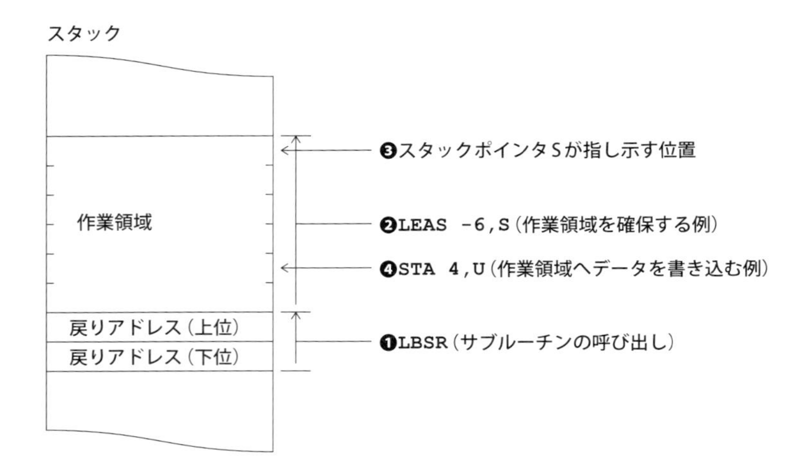

🅐作業領域をスタックに確保する操作例

些末な例外を無視していえば、作業領域をスタックに確保するとリエントラントになります。リエントラントとは、サブルーチンが自分自身を呼び出したり複数のタスクから同時に呼び出されたりしても、作業領域に影響がなく、正しく動作することです。リロケータブルかつリエントラントなサブルーチンは、理想的なモジュールということができます。

モトローラは浮動小数点演算モジュールを書き込んだROM、MC6839を販売しました。また、BASICも販売することにして、開発をマイクロウェアに委託しました。マイクロウェアはBASICを構成するモジュールが幅広く応用できることに注目し、同時にOSを作りました。それが、UNIXに似た並行処理可能なOS、OS-9と、そのもとで動くBASIC09です。

6809で追加された働きは、以上のほかに、乗算(D=A × B)、レジスタ間の自由な転送/交換、スタックポインタを除くレジスタの自由な退避/復帰などがあります。もはや6800とは別ものなので、テリー・リッターは互換性を捨てて機械語を振り直しました。ボニー・ジョエルの集計で出現頻度が高かった処理は、短い機械語が振られて速度が増しました。

こういう事情で6809は6800 ～ 6803の機械語を実行することができません。6800のアセンブリ言語のソースは、6809のアセンブラが6809の機械語に変換するとされていますが、これも同一の動作が保証されているわけではありません。たとえば、スタックポインタが1バイトだけズレたアドレスを指し示します。過剰な期待は、見付け難いバグを生みます。

⊕ 6809シングルボードコンピュータによる互換性の検証

ハードウェアの構造は、6800からあと、バスの互換性を損なわない範囲で少しずつ拡張されました。6802ではクロックジェネレータが組み込まれ、読み書きの期間を引き伸ばすMRDYが追加されました。6803はVMAを廃止し、読み書きしない期間は、見掛け上、$FFFFを読み出す動作に置き換わりました。6809も、同じ方針で拡張が施されています。

6809で新設されたピンは、プログラムカウンタとフラグだけを退避して素早く割り込みへ移行する$\overline{\text{FIRQ}}$、バスの状態を知らせるBS、バスの出力信号を半周期ほど早く確定するクロックQなどです。これらのピンを活用すると、比較的簡単にDRAMがつながり、割り込みベクタを外付け回路から与えられ、並行処理可能なOSを動かすことができます。

一方、新設されたピンを使わなくても従来どおりのコンピュータが出来上がり、新しい命令体系の恩恵にあずかることができます。6800を動かした経験が6809を動かす上でどのくらい役に立つのか、プログラムの互換性がどれほどのものかなどを検証するため、SBC6800とほとんど同じ回路のシングルボードコンピュータ、SBC6809を製作してみました。

クロックは内蔵のクロックジェネレータで生成し、リセット回路は抵抗とコンデンサとダイオードで組み立てます。これで、PIC12F1822のひとつが不要となりました。6809で新設された入力ピンは電源につないで無効とし、出力ピンは無接続です。あとは、SBC6800と同じにしてあります。したがって、6850とEPROMとSRAMのアドレスが共通です。

プリント基板の設計はSBC6800のプリント基板に少し手を加えるくらいで完了しました。6809のピン配置は、6800と同じではありませんが、

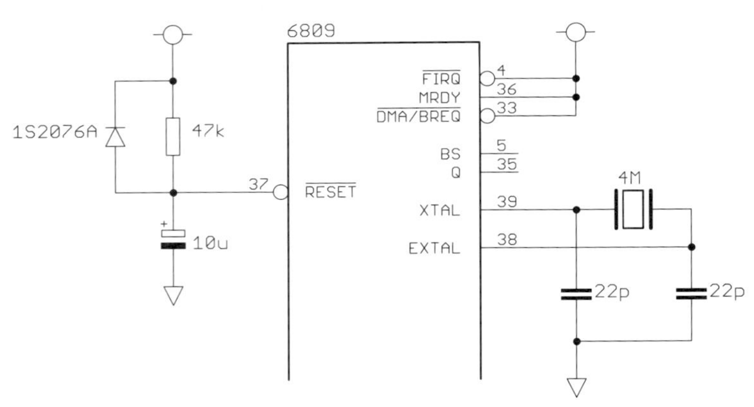

SBC6809がSBC6800と異なる部分の配線

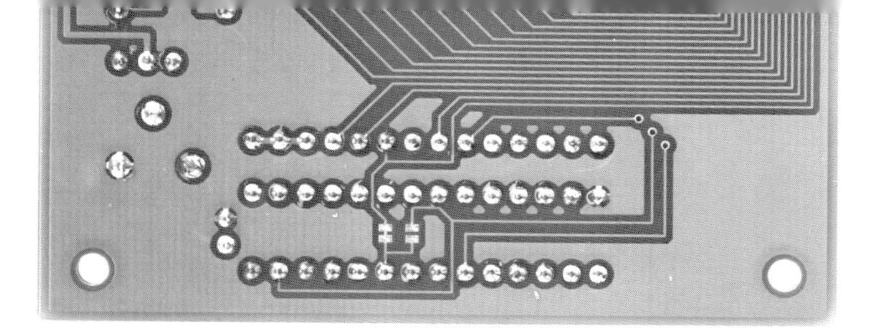

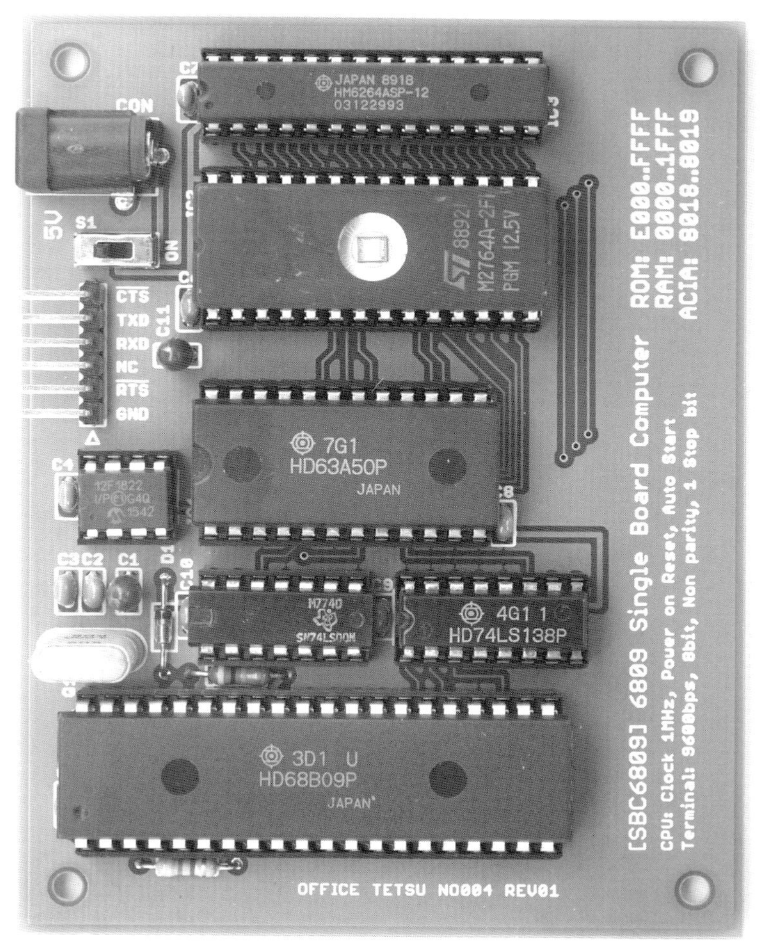

⬆SBC6809の部品面（下）とハンダ面のソルダパッド（上）

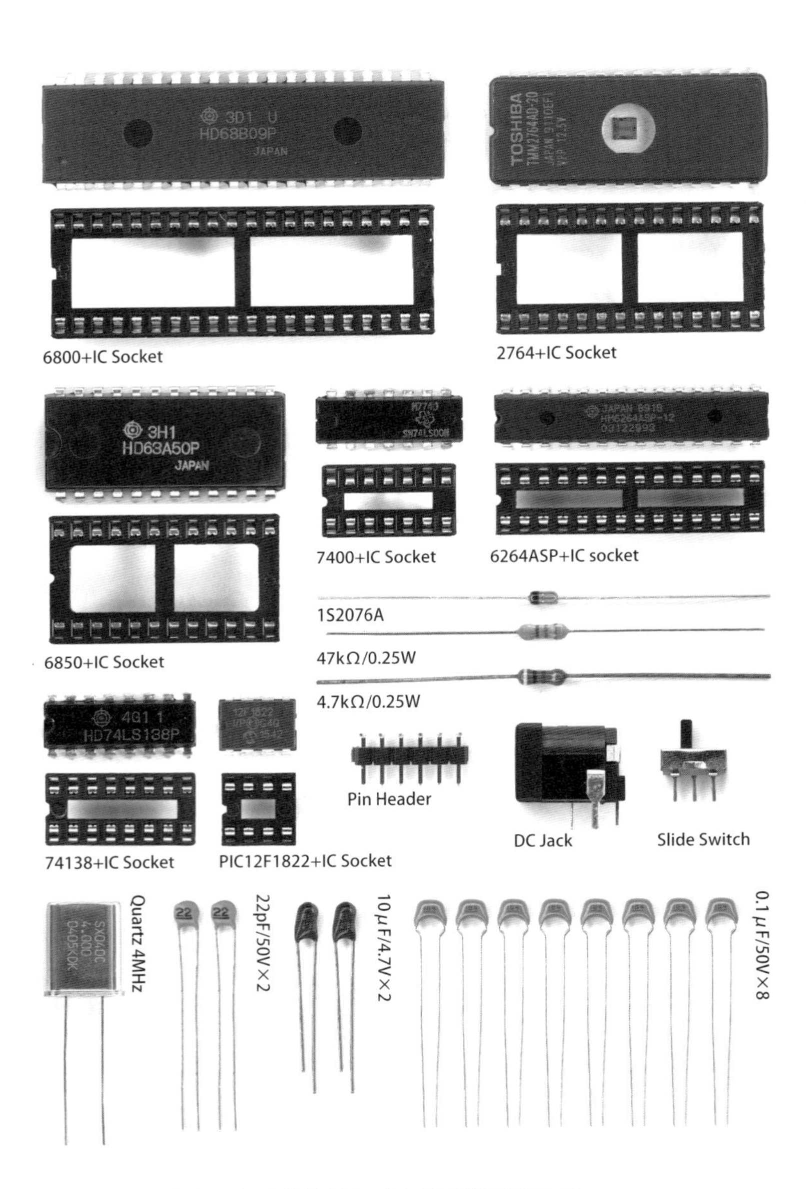

⬆SBC6809を構成する部品（製作例は一部の部品が同等品です）

⇧SBC6809にACアダプタとUSB/シリアル変換ケーブルを取り付けた状態

よく似ていて、パターンの引き回しはあらかた流用です。クロックジェネレータとリセット回路の外付け部品は、不要となったPIC12F1822のスペースに収まりました。6809への置き換えは、思いのほか簡単でした。

SBC6809は、6809の周辺を除き、必要な部品と代替可能な部品、ソルダパッドの役割、電源とシリアルのつなぎかたなどがSBC6800と同じです。重複を避けるため、これらの説明を省略します。SBC6809の詳細は、本書のサポートページで公開しています。同じものを作ってみたい人は、『SBC6809技術資料』を入手し、その説明にしたがってください。

6809の命令体系は、機械語が違うにしろ、機能的に6800の上位互換です。6809のアセンブラは、6800のソースを上手に解釈して同じように動

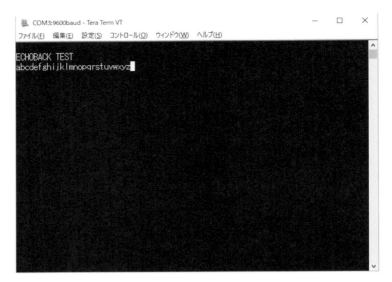

⬆SBC6800のテストプログラムをSBC6809で実行した例

く6809の機械語を生成します。モトローラは、それを「アセンブリ言語のソースのレベルで上位互換」と表現しました。このアセンブラに頼る条件付きの上位互換は、うまくいく場合とそうでない場合があります。

SBC6800で最初に動かした「端末と文字のやり取りをするテストプログラム」は、SBC6809でもすんなり動いてくれました。これで条件付きの上位互換とSBC6809の設計に誤りがないことを確認できました。生真面目な6800のプログラムは、だいたいうまく動くようです。しかし、達人や変人が書いたプログラムは何かしらの問題を起こします。

MikbugとVTLは、ボニー・ジョエルの集計で出現頻度が低いとされた処理を、むしろ多用しています。その偏屈な書きかたのせいで、出現頻度の高い処理に短い機械語を振ったテリー・リッターの狙いが裏目に出てしまいました。6809のアセンブラにかけると6800より長い機械語が生成され、近距離分岐命令が分岐できる範囲を超えてエラーとなります。

とはいえ、近距離分岐命令のエラーは出ばなをくじく小さな問題です。アセンブラの指摘にしたがって修正し、うまく生成された機械語を動かすと、より深刻な問題が発覚します。わかりやすい事実から報告しておきます。VTLは、6800の機械語を使ったトリックが、6809だと誤動作します。VTLの持ち味を生かしながら、それを修正することは不可能です。

Mikbugはスタックポインタに関係する処理が誤動作します。6800は退避してからスタックポインタを進めますが、6809はスタックポインタを進めたあと退避します。スタックポインタの指し示すアドレスが1バイトだけズレているので、表示を間違えたり暴走したりします。Mikbugが使いものにならないため、そのもとで動くプログラムも全滅です。

結局、6809の上位互換性は、できる範囲でやってみましたという感じになっています。インテルの8085は、8080の機械語を完全に実行します。それと対比して不親切だとする見解が散見されますが、インテルも8086で同じ方式の条件付き上位互換をとりました。1970年代の終盤は、ロケットの1段めを切り離し、勢いを増して先へ進む局面にあったのです。

⊕ いち早く6809を採用したパソコン、富士通のFM-8

日本で最初に6809を採用したパソコンは、1980年9月に発売された日立家電販売のベーシックマスターレベル3です。OA（オフィスオートメーション）の流行に乗ってオフィス向けを意識した製品で、あまり家庭向きではなく、マニアはまったくの対象外でした。価格は298000円で、カラーモニタ、プリンタ、フロッピーディスクなどが別売りされました。

年季の入ったマニアは、よく間違って、日本で最初に6809を採用したパソコンが富士通のFM-8だと記憶しています。FM-8は1981年5月に発売された、2番手のパソコンです。しかし、間違えるのも無理はありません。さまざまな最先端の技術をいくつも日本で最初に採用し、マニアに強い印象を残したからです。価格は、そのわりに安い218000円でした。

信頼と創造の富士通
64K DRAM、日本語表示、アドレス空間128KBなど、時代が求めた高性能をいちはやく実現。
すべてがFM-8から始まった。
BALANCE SHEET

2CPUや64K D RAMの採用など、斬新な設計と高度な半導体技術から生まれた本格派パーソナルコンピュータ FUJITSU MICRO 8。卓越した性能とすぐれたコストパフォーマンスがパーソナルコンピュータの世界を拡げました。

●漢字キャラクタセット(オプション)を装着するだけで、日本語表示が実現。JIS第一水準の漢字2,965字を含む3,418字が読みやすい16×16ドットで表示されます。

●640×200ドットの高解像度カラーグラフィックを採用。1ドットごとに8色のカラーが指定できるため、美しく正確な表示が可能です。

●補助記憶装置に、ミニフロッピィディスクやいま話題のバブルカセットを採用。さらに1Mバイトの容量をもつ標準フロッピィディスクや大容量のマイクロディスクの発売も予定されています。

●プログラム言語は、強力なF-BASICに加え、*UCSD Pascal™ *FLEX™上のPASCALやFORTRANが利用できます。さらにZ80カード(オプション)の装着により、*CP/M® ベースでの利用も可能です。

＊上記の各ソフトウェアはそれぞれカリフォルニア大学理事会、TSC社、Digital Research 社の登録商標です。

FUJITSU MICRO 8 機能仕様

●**CPU** MBL6809 2個 ●**メモリ** メイン部=ROM 2Kバイト(ブートローダ)、RAM 61Kバイト(プログラムエリア)、ROM 32Kバイト(BASICプログラム)、サブ部=ROM 10Kバイト(CRTモニタ/キャラクタパターン)、RAM 48Kバイト(ビデオ用)、RAM 5Kバイト(共有メモリ・ワーク/コンソール処理用) ●**ブートローダ機能** ブートROMのプログラムエリアをシステム媒体に応じてスイッチ切り替え可能 ●**キーボード** JIS標準配列に準拠 キー種類=英数字、カナ、テンキー、カーソルキー、エディットキー、プログラマブルファンクションキーなど ●**CRT表示** 画面構成=80字×25行(2,000文字)/40字×20行(800文字) 文字構成=8×8ドットマトリックス カラー=8色(黒・青・赤・緑・マゼンタ・シアン・黄・白) グラフィック=640×200ドット、1ドットごとにカラー指定可、文字と混在可 その他=カーソル機能(リバース・ブリンク)/スクロール機能 ●**漢字キャラクタROM** (オプション)文字構成=16×16ドット 文字種=3,418字 特殊記号、記号、数字、ひらがな、カタカナ、ギリシャ文字、ロシア文字、漢字(JIS第一水準2,965種) ●**バブルカセットインタフェース** 32Kバイトカセット2個制御可 ●**ミニフロッピィディスクインタフェース** 拡張バスを利用し、アダプタ経由で接続、ミニフロッピィディスク4ドライブまで制御可(328Kバイト/1ドライブ)

本体218,000円、キャラクタセット(非漢字)10,000円/(漢字)30,000円、高解像度カラーCRTディスプレイ188,000円、シリアルドットプリンタ142,000円、ミニフロッピィディスクユニット313,000円

↑1981年5月ごろ雑誌に掲載されたFM-8の広告

富士通は技術力を誇示する目的でFM-8を作りました。同社は当時、大型コンピュータで日本電気や日立製作所と熾烈な販売競争を繰り広げていました。単価の低いパソコンは、当面、手を付けないはずでした。しかし、日本電気や日立製作所がパソコンで富士通の顧客に食い込み、次第に大型コンピュータを攻め始めて、そうもいっていられなくなりました。

富士通から見れば既存のパソコンは技術的な合理性を欠き、マニアが手作りした印象でした。実際、それらの設計を主導したのは、半導体の販売部門や家電の技術者です。この際、やられたことをやり返そうと考えました。目標は、他社の顧客で大型コンピュータの機種選定を担当するキーマンが、思わず富士通に乗り換えたくなるようなパソコンでした。

設計部門はパソコンの構造を機能単位に分割し、各部を自立させて、分散処理を目指しました。たとえば、6809が一般的な処理と端末制御にひとつずつ使われています。半導体部門はパソコンを新製品の展示場と捉え、当時、得意とした各種のメモリを投入しました。その中にはバブルカセットや世界で初めて実用化された高集積度のDRAMが含まれます。

ソフトウェア部門はシステムソフトウェアを、ブートローダ、BIOS(基本入出力システム)、BASICで構成しました。普通の人はFM-8で初めて「ブートローダ」や「BIOS」という用語を知りました。その上に位置するBASICが、もしOSだったら大型コンピュータと同じです。残念ながら、フロッピーディスクが別売りのパソコンなので、そこまではできません。

⊕ 最新の製造技術を駆使した豪勢なメモリ群

FM-8の外観は本体とキーボードが一体になった初期の典型的なスタイルで、電源を入るとすぐBASICが起動します。つまり、普通の人にとって期待どおりのパソコンです。一方、真っ先にケースを開けて中身を調べるようなマニアは、期待を超える景観と直面します。内部には4層のプリント基板があって、大小さまざまなICがぎっしりと詰まっています。

⬆メインブロックの6809付近

富士通の公式な資料によれば、マイクロプロセッサは同社が製造した6809の同等品、MBL6809ということになっています。ただし、正真正銘のMBL6809を採用したFM-8は見当たりません。そもそも、MBL6809が1981年の段階で商業生産された形跡がありません。現存するFM-8は、モトローラのオリジナルや日立製作所の同等品が取り付けられています。

FM-8で一般的な処理を受け持つ部分はメインブロックと呼ばれます。メインブロックの6809は高速版で、クロックは1.2288MHzです。そのアドレス空間には、512バイトのブートローダ用ROM、32Kバイトの BASIC用ROM、64Kバイトのメインメモリが重複して存在します。重複した部分は、最初に起動したブートローダが状況に応じて切り替えます。

ブートローダ用ROMの実物は2KバイトのMB8516ですが、512バイトのブートローダが4本あって、背面のスイッチで1本が選択されます。標準のブートローダは、通常、FM-8をBASIC用ROMと半分のメインメモリで動作させます。フロッピーディスクが装着されている場合はメインメモリの全体で動作させ、BASICまたはOSを読み込んで実行します。

ブートローダが書き込まれたMB8516付近

メインブロックのMB8264付近

メインメモリは8個のMB8264で構成されます。富士通の広報はFM-8の発表会で誇らしげにその型番を紹介しました。MB8264は「超LSIの入り口」といわれる1ビット×64KのDRAMで、世界で最初に実用化され、FM-8と大型コンピュータのFACOM M-380で動きました。FM-8の名前は、この2機種の愛称がともに「FM」となることを意識したとされます。

⊕ 端末制御を分散処理するサブブロック

FM-8で端末制御を受け持つ部分はサブブロックと呼ばれます。サブブロックの6809はメインブロックの6809とアドレス空間の一部を共有し、コマンドの受け渡しをしながら動作します。メインブロックから見ると、サブブロックは自立した端末です。ふたつの6809で、汎用のコンピュータを作る実例と端末に組み込む実例が示された恰好です。

⬆サブブロックの6809付近

サブブロックは、わざとやっているのかと疑いたくなるくらい、多品種のメモリを使い分けています。たとえば、SRAMとDRAMとROMがあり、容量やビット構成もまちまちです。そのうち、FM-8の個性と関係するのは、作業用に使われる2個のMB8114（4ビット×1KのSRAM）と表示データを記憶する24個のMB8116（1ビット×16KのDRAM）です。

作業用に使われる2個のMB8114は容量1Kバイトのうち128バイトをメインブロックの6809と共有し、ここでコマンドの受け渡しをします。コマンドの機能と受け渡しの方法はFM-8の発売後に公表され、その時点で内緒だった万能のコマンド、YAMAUCHIも、やがてどこからか漏れ伝わりました。こうして、サブブロックはユーザーに開放されました。

表示データを記憶する24個のMB8116は容量が48Kバイトあって、当時、最大のグラフィック（640画素×200画素×8色）を実現しました。しかし、CRTコントローラがないことや表示データをコマンドで少しずつ受け渡ししなければならない構造が足を引っ張り、速度はやや遅めです。目に見える動きが遅いせいで、しばしば全体が遅いと誤解されました。

⬆サブブロックのMB8114×2付近

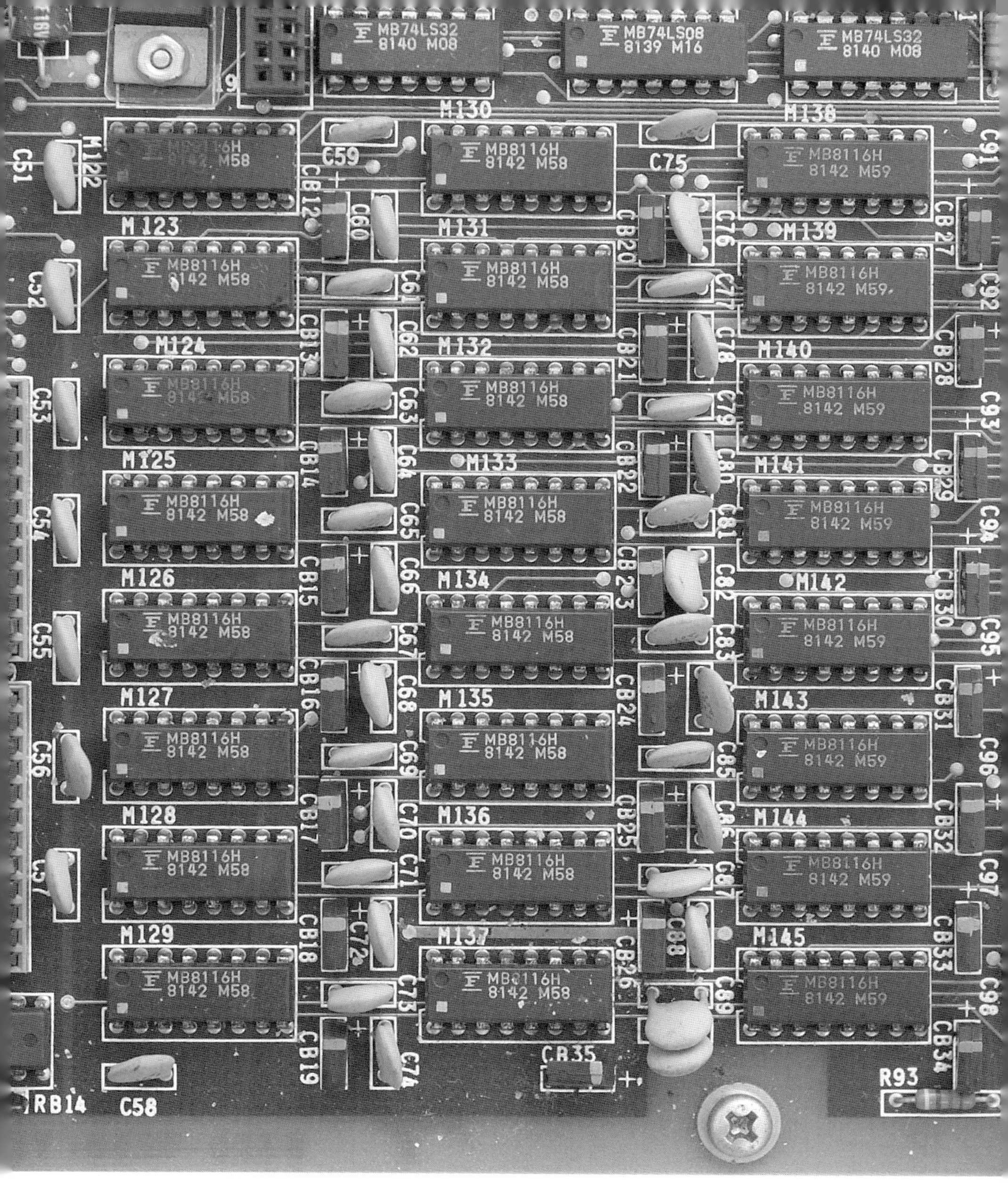

⬆サブブロックのMB8116付近

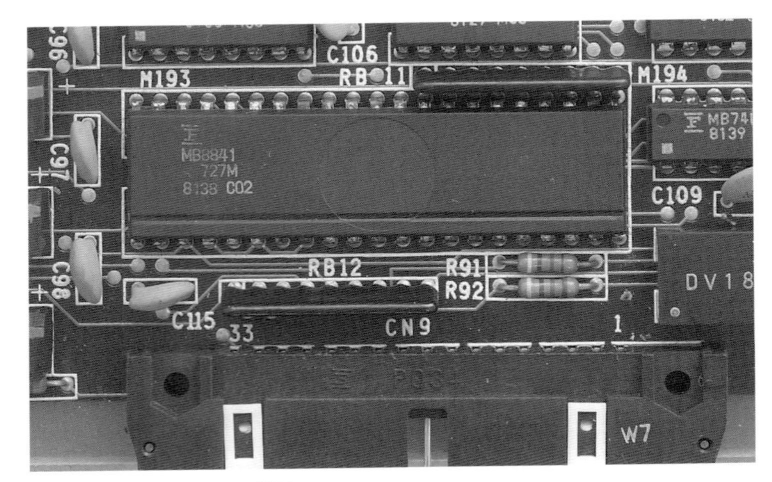

サブブロックのMB8841付近

サブブロックのもうひとつの役割がキーボードの制御です。キーボードは、6809の管理下に置かれた4ビットのマイコン、MB8841が制御します。MB8841は、キー入力を6809に報告するほか、リピートの働きを付け加えたり、状態表示LEDを点灯させたり、ファンクションキーの定義を記憶したり、[Stop]キーが押されたとき割り込みを要求したりします。

ファミリーのICを使わないインタフェース

本体の背面には、アナログポート、カセットテープ、カラーディスプレイ、モノクロディスプレイ、シリアルの端子と拡張バスがあります。内部には、漢字ROMを挿すためのICソケットが並んでいます。また、バブルカセットのホルダを取り付けることができて、装着口が上部のスペースに顔を出します。全部を埋めると、本体だけで、なかなかの重装備です。

アナログポートは、本来、ジョイスティックのインタフェースでした。しかし、ジョイスティックの発売が見送られて、A/D変換器の位置づけに落ち着きました。結果としてアナログを取り扱えることが明確になり、かえって評判をとりました。当時の大勢だったオーディオのマニアが、測定器に応用したくてFM-8を買い、やがてパソコンにハマりました。

A/D変換の性能は、入力が4系統、フルスケールが2.5Vまたは0.625V、変換精度が8ビット、変換時間が5m秒です。A/D変換用ICは見当たらず、オペアンプのMB3614が簡易的なA/D変換回路を構成しているものと思われます。精度が低く、時間が掛かるため、ジョイスティックの傾きがわかっても、オーディオの測定器は完成しなかったことでしょう。

カセットテープのインタフェースは、通信速度が史上最速の1600ビット/秒です。また、走行/停止を指示する機能があります。別売りの記憶装置が高すぎて、記録/再生には相変わらずカセットテープが使われました。大きなデータを取り扱う機会が増えた分、カセットテープの性能は、むしろ従来より重視され、その期待にこたえるものとなっています。

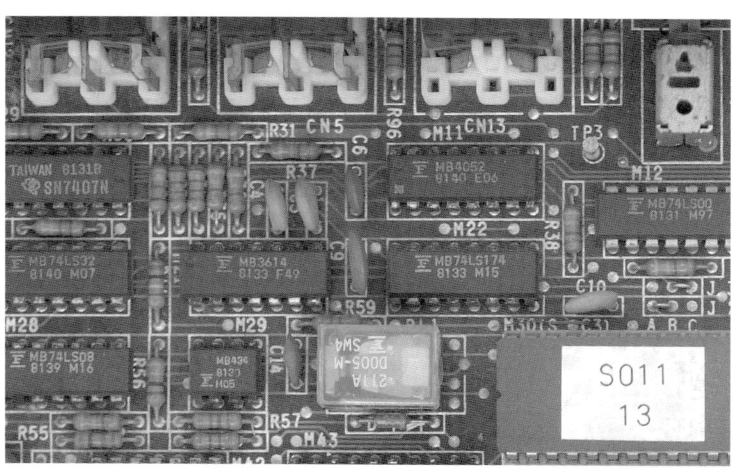

アナログポート（CN13）とカセットテープ（CN5）の端子付近

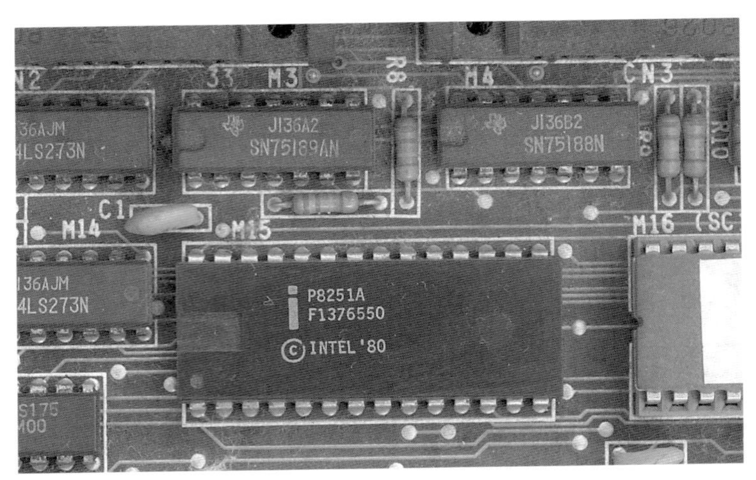

🅐シリアルインタフェースの8251と信号電圧を変換する75188/75189

シリアルのインタフェースはインテルの8251と信号電圧を変換する75188/75189で構成されます。富士通はマイクロプロセッサに6809を採用しましたが、それ以外にモトローラのICを使っていません。また、インテルのICも8251だけです。ハタ目には、モトローラ系の日立製作所やインテル系の日本電気と距離を置き、独自路線を選んだように見えます。

プリンタのインタフェースはTTLで組み立てられています。アメリカのパソコンだと、ここにパラレルインタフェース（6821や8255）を使う例が多く見られます。富士通がそうしなかったことは賢明な判断であり、独自路線とは関係がありません。パラレルインタフェースは用途の広い優秀な周辺ICですが、用途が明確な場合、無駄な機能があって高価です。

別売りの漢字ROMは日本語の表示を実現します。非漢字セット453字（10000円）は8KバイトのMB8364が4個、漢字セット2965字（30000円）は同12個で、富士通が前年に発売したワードプロセッサ、OASYS-100から流用されました。総容量が128Kバイトになり、メモリとして取り扱える範囲を超えるため、形式上、読み出し専用の記憶装置となっています。

🅟別売りの漢字ROMを取り付けた状態

日本語のフォントは16ドット×16ドットです。日本語の表示は、自慢のグラフィックでも40桁×12行で、やや実用性を欠きます。印刷すると恰好がつきますが、BASICが対応しないため、『I/O』などの雑誌が機械語のユーティリティを掲載しました。BASICがあれば何でもできると思っていたユーザーは、これがきっかけで、機械語の凄さを知りました。

⊕ フロッピーディスクとバブルカセット

別売りのフロッピーディスク（313000円）は、フロッピーディスクアダプタを介して本体の拡張バスに接続します。いわゆるミニフロッピーディスクで、両面倍密度、容量が328Kバイトです。ドライブは高価ですが、メディアは1枚100円程度まで下がりました。パソコンの販売店は、初期投資を乗り越えてもらうため、雑誌に月賦販売の広告を出しました。

⬆別売りのフロッピーディスクドライブとシステムディスク

🅐別売りのバブルカセットドライブとシステムカセット

フロッピーディスクに取ってかわると期待された記憶装置がバブルカセットです。バブルカセットは、通常、別売りのホルダ（85700円）に装着して使います。ホルダは本体に収まり、上部のスペースに装着口が顔を出します。これで、外観を保ったまま、バブルカセットの着脱に対応します。ホルダを取り付けない場合、上部のスペースは小物入れになります。

バブルカセットは容量が32Kバイト（35000円）の製品と、発売が遅れましたが、128Kバイト（価格不明）の製品があります。ホルダは32Kバイトにしか対応しないため、両方を使うには別売りのドライブ（価格不明）が必要です。ドライブはバブルカセットアダプタを介して本体の拡張バスに接続します。そのアダプタにはフロッピーディスクもつながります。

バブルカセットの外観（左）と内部のバブルメモリ（右）

バブルカセットの内部にあるバブルメモリは、富士通と日立製作所とインテルが同じころに実用化しました。パソコンで動いたのはFM-8が世界で最初です。フロッピーディスクに比べると、物理的に丈夫で、騒音を立てず、記録の信頼性に優れます。加えて高速だと紹介されることがありますが、FM-8で使った感じではフロッピーディスクより低速です。

BIOSとシステムソフトウェア

入出力装置の制御は、当時の大型コンピュータや現在のパソコンと同様、BIOSがサポートします。BIOSの仕様が確定していれば、実物のパソコンが存在しなくても、システムソフトウェアの開発に取り掛かれます。ただし、もし設計変更でもあろうものなら、大騒動に発展します。想像では、本当にそういうやりかたをして、多少の混乱をきたしたようです。

❾BIOSがサポートする入出力装置

入出力装置	BIOSの機能
フロッピーディスク	トラック0復帰、セクタ単位の読み出しと書き込み
バブルカセット	初期化、ページ単位の読み出しと書き込み
カセットテープ	走行/停止、バイト単位の読み出しと書き込み
アナログポート	A/D変換値の読み出し
ディスプレイ	文字列出力
漢字ROM	フォント取得
サブブロック	コマンドの受け渡し、文字列入力
プリンタ	状態検査、データ列出力、画面ハードコピー
ブザー	ブザーの開始/終了
音声合成	実体なし
BIOS	初期化

FM-8のBIOSは実体のない音声合成をサポートしています。シリアルは、インタフェースがあるのにBIOSがサポートしていません。プリンタの状態検査とデータ列出力と画面ハードコピーは機能番号が連続しておらず、泥縄式に追加した感じです。だとしても、本体の発売と同時に複数のシステムソフトウェアが揃ったことは、BIOSの功績といえましょう。

FM-8のBASICはマイクロソフトが作りました。同社はまだ6809の取り扱いに慣れていませんでしたが、やりがちな失敗は日立製作所のベーシックマスターレベル3でもうやりました。FM-8ではブザーの鳴らしかたを間違えただけで済みました。文法は同社が業界標準へ押し上げた既存のBASICとほぼ一致しており、富士通はそれで十分に満足でした。

アメリカに存在した6809のOSは、BIOSを活用してたちまちFM-8へ移植されました。富士通は本体と同時にTSCのFLEX（48000円）とカリフォルニア大学理事会のUCSD Pascal（価格不明）を発売しました。星光電子は1年後にマイクロウェアのOS-9（98000円）を移植して発売しました。ソフトマートはそれらのアプリケーションを輸入して販売しました。

⬆別売りのZ80カードを取り付けた状態

別売りのZ80カード（11700円）を取り付けるとメインブロックにザイログのZ80が追加され、デジタルリサーチのCP/M（65000円）が動きます。FM-8はその状態でもまず6809が起動し、必要に応じ、プログラムでZ80に切り替わります。ですから、Z80カードを取り付けたまま、BASICやUCSD PascalやFLEXやOS-9もまた普通に動かすことができます。

FM-8のマニュアルは、これらのOSが「システム全体の機能向上に資する」と述べています。つまり、富士通が理想とする形なのですが、現実はそう簡単ではありません。当時のOSは、むしろパソコンの機能を制限しました。たとえば、OSのもとで動くBASICはフルスクリーン編集もグラフィック描画もできず、付属のBASICのほうが遥かに優秀です。

富士通がFM-8で試みたことは、以上のとおり、行き過ぎたり足りなかったりしながら、概略、パソコンの進むべき方向を示唆しました。そのことは、その後の事実に照らして明らかですが、ここからはもう本書が語るまでもなく、リアルタイムで経験している人がたくさんいることでしょう。おかげさまで、本書は無事に役割を果たすことができました。

取材に応じてくれた自作派のマニアは、たいてい最初に手にしたマイクロプロセッサが6809です。私もそうでした。6800は、そのひとつ前の製品として、漠然と承知していました。しかし、すずのお姉ちゃんという捉えかたはアリスの実像でないはずです。改めて調べた成果が、みなさんにとっても本当の6800を知る一助になったとすれば嬉しいことです。

索引

Q

S

T

す

せ

そ

た

ち

つ

装丁―渡辺シゲル
写真撮影―山崎康史
編集・DTP―有限会社マイン出版

モトローラ6800伝説

2017年12月30日　初版第1刷発行

著者　鈴木哲哉
発行者　黒田庸夫
発行所　株式会社ラトルズ
〒115-0055 東京都北区赤羽西4-52-6
電話 03-5901-0220　ファクシミリ 03-5901-0221
http://www.rutles.net
印刷・製本　株式会社ルナテック

ISBN978-4-89977-472-3